열정 가득 20대 청년의 아마존 야생 탐사 기록

아마존 탐사기

An Expedition to Amazon Wildlife

일러두기

이 책에 나오는 생물종들의 이름은 주로 국명과 함께 영문일반명, 학명을 기재하였다.
국명이 정해지지 않은 경우에는 영문일반명을 반영하여 임의로 명명했다. 영문일반명과
학명은 현장에서 사용했던 『페루 마드레드디오스 지역 필드 가이드북』을 참고하였다.

열정 가득 20대 청년의 아마존 야생 탐사 기록

아마존 탐사기

An Expedition to Amazon Wildlife

전종윤 지음

지오북
GEOBOOK

아마존 탐사 지도

이 지도는 아마존 열대우림 중에서도 지은이가
생물 탐사를 진행했던 페루 푸에르토말도나도의
탐보파타 지역을 나타낸 것이다. 베이스 캠프였던
시크릿 포레스트를 중심으로 다양한 조사 방법으로
탐사했던 트레일과, 각 트레일에서 발견하거나
채집한 동물 가운데 일부를 지도에 표시하였다.
지은이는 이곳에서 양서파충류 조사를 수행하며
척추동물만 106종류 273마리를 직접 관찰하였다.
소리, 흔적, 무인 카메라로 확인한 동물(재규어 등)을
비롯해 무척추동물에 이르기까지 셀 수 없이 많은
동물을 만났다.

페루　브라질

푸에르토말도나도
탐보파타

시크릿
포레스트

탐보파타강

강 건너 조사 구역

유리마구아스
독개구리

테구도마뱀

선 조사 구역

전갈부치

페커리

검은머리칼리코뱀

목도리나무
도마뱀

데메라라
계곡나무개구리

늦센긴발가락
개구리

아놀도마뱀

재규어 트레일

재규어

메인 트레일

페커리 트레일

아르마딜로 트레일

밸리 트레일

부시마스터
방형구
조사 구역

토펜트 트레일

해피 트레일

뱀 킬러 트레일

볼리비아
염소개구리

아마존긴꼬리
스킹크도마뱀

마드레드디오스
긴발가락개구리

메인 트레일

빨래하던 냇가
(물에 빠졌던 곳)

시크릿
포레스트

브라질너트
가는다리
나무개구리

스칼렛마카우

잎꾼개미

탐 버 파 타 강

베이츠와 월리스의 발길을 따라

1848년 영국의 동물학자 헨리 월터 베이츠(Henry Walter Bates)와 앨프리드 러셀 월리스(Alfred Russel Wallace)가 함께 아마존 탐사에 나섰다. 월리스는 4년에 걸친 탐사와 채집을 마치고 영국으로 돌아왔지만 베이츠는 아마존에서 무려 11년 동안 탐사를 계속했다. 1849년에는 영국의 식물학자 리처드 스프루스(Richard Spruce)가 아마존 식물 탐사를 시작했다. 이들 셋은 서로 다른 강줄기를 따라 점점 더 내륙 깊숙이 이동하며 탐사를 계속했는데, 물줄기가 겹치는 곳에서 자연스럽게 만나 서로 발견한 것들에 관해 의견을 나누곤 했다고 전해진다.

우리나라에도 자연 탐사기의 전통이 세워지고 있다. 내 입으로 얘기하긴 좀 쑥스럽지만 2003년에 출간된 『열대 예찬』이 시작일 것이다. 1984년부터 중미의 코스타리카와 파나마 열대우림에서 내가 수행한 자연 탐사와 연구에 관해 쓴 글을 『현대문학』에 연재했다가 엮은 책이다. 우리나라 최초의 영장류학자 김산하 박사가 인도네시아의 구능 할리문 살락 국립공원(Taman Nasional Gunung Halimun Salak)에서 자바긴팔원숭이(Javan gibbon)를 연구하며 겪은 경험을 적은 『비숲』(2015)과, 까치의 행동 생태를 연구해 박사 학위를 받은 이원영 박사가 남극에서 펭귄을 관찰하며 연구한 경험을 쓴 『물속을 나는 새』(2018) 등이 뒤를 이었다. 『아마존 탐사기』는 이런 전통을 이어가는 훌륭한 책이 될 것이다.

1831년부터 1835년까지 비글호를 타고 세계를 일주하며 관찰한 내용을 적은 다윈의 『비글호 항해기(The Voyage of the Beagle)』(1839)가 훗날 그가 자연 선택 이론을 정립하는 데 결정적 역할을 했음은 말할 나위도 없다. 나는 1984년 코스타리카의 라 셀바(La Selva)에서 나의 열대 탐사를 시작했다. 그곳에서 나는 하버드대 윌슨(E. O. Wilson) 교수 연구실에서 보던 잎꾼개미를 야생에서 처음 만났다. 그러나 내가 처음 본 잎꾼개미는

뜻밖에 잎이 아니라 꽃잎을 물어 나르고 있었다. 혹시 잎꾼개미가 꽃잎을 나르는 걸 내가 최초로 발견한 것은 아닐까 싶어 나는 며칠에 걸쳐 밤낮으로 그들의 행군을 따라다니며 상세하게 관찰 기록을 남겼다. 그러나 두 달 후 하버드로 돌아온 나는 하버드 비교동물학박물관 도서관에서 베이츠가 쓴 아마존 탐사에 관한 책을 찾아 읽고 실망을 감추지 못했다. 세계 최초가 될 뻔했던 내 발견은 19세기 자연학자의 탐사 기록에 고스란히 적혀 있었다. 20대의 젊은 자연학자가 흥분에 겨워 적어 내려간 여러 장의 필드 노트는 지금도 내 서랍 속에 간직돼 있다.

우리는 이 책에서 또 한 명의 떠오르는 자연학자가 그의 20대 시절에 탐사한 아마존의 모습을 함께 보고 들을 것이다. 이전의 탐사가들이 대개 아마존강 하구에서 시작해 상류로 거슬러 오른 것과 달리 전종윤은 페루에서 시작해 하류로 이동한다. 저자는 양서파충류를 전공하고 나는 곤충을 연구하던 대학원생이었지만, 내가 『열대 예찬』에서 소개한 많은 동물이 이 책에도 등장한다. 나는 종종 무조건 미국이나 유럽으로 여행을 떠나는 이들에게 죽기 전에 한 번이라도 열대에 가 보기를 권한다. 온갖 생명이 한데 어울려 춤추는 그곳을 보지 못하고 삶을 마감하는 사람들에게 진심으로 조의를 표한다는 억지를 부리며. 나는 특히 대학의 문을 나서자마자 직장의 문을 두드리느라 여념이 없는 이 땅의 많은 젊은이에게 이 책을 권한다. 이 아름다운 삶을 기껏 테헤란로 빌딩 안에서 불태울 것인가? 상상 못할 행복과 가능성이 열대에서 여러분을 기다리고 있다. 전종윤의 『아마존 탐사기』가 훌륭한 길잡이가 돼 줄 것이다.

최재천, 이화여자대학교 에코과학부 석좌교수, 생명다양성재단 대표 내가 갖고 있는 열대우림에 대한 경험은 동남아시아 몇몇 나라에서 탐방로가 잘 정비되어 있는 국립공원을 방문한 것이 전부였다. 그래서 『아마존 탐사기』 원고를 받아들고 한 번도 가 보지 못한 아마존 열대우림을 책을 통해 탐사하기로 마음먹었을 때, 내가 떠올린 아마존의 이미지는 '정돈된' 열대우림이었다. 가벼운 여행을 떠나는 기분으로 책장을 넘겼을 때, 그런 열대우림에 대한 환상은 곧바로 깨졌다. 나는 책 속에서 '진짜' 날 것의 아마존 열대우림 속으로 빠져들면서 진땀을 흘리지 않을 수 없었다. "아, 생명이 태어난 원천 서식지를 연구하는 생물학자는 말 그대로 온몸을 던져야 하는구나!" 아마존의 온갖 생명체와 그 서식지, 그리고 그들을 알고자 하는 연구자들의 삶의 단면을 생생하게 기록하고 경험하게 해 준 전종윤 군에게 감사하며, 야외생물학자와 보전활동가를 꿈꾸는 젊은이들에게 꼭 일독을 권한다.

이항, 서울대학교 수의과대학 교수, (사)한국범보전기금 대표

'지구의 허파' 또는 '생물다양성의 보고(寶庫)' 라고 불리는 열대우림 지역인 아마존은 지구의 생물과 자연 생태 환경을 사랑하는 모든 이, 특히 생물학에 관심이 있는 이에게는 한 번쯤은 꼭 가 보고 싶은 동경의 대상 지역일 것이다. 그러나 살아 있는 수많은 생명체와 미지의 자연을 알고자 아마존의 열대우림 지역을 직접 탐사하는 것은 야외생물학자라도 그리 쉬운 일이 아니다. 이는 큰 용기는 물론, 강한 호기심, 도전 정신, 그리고 철저한 준비가 필요한 일이다. 이런 면에서 『아마존 탐사기』는 젊은 생물학도인 전종윤 군이 꿈꾸고 동경하던 아마존을 직접 탐사하면서 몸소 겪은 새로운 경험과 감격, 일상에서의 즐거운 발견과 동료 팀원들과의 에피소드(일화) 등을 진솔하게 기록하여 생물과 자연을 사랑하고 보전하려는 독자들을 아마존의 밀림 속으로 자연스럽게 빠져들게 하

는 재미가 있다. 특히 양서파충류를 비롯하여 다양한 생명체가 살아 숨 쉬는 아마존이라는 특유의 밀림지에서 탐사 일지는 야외·보전생물학자를 꿈꾸는(특히 자연에 관심이 있는) 어린 꿈나무에서부터 젊은 청년에 이르기까지, 미지의 생명체에 대한 신비감과 그것들을 발견하는 고통과 즐거움을 간접적으로 경험할 수 있게 해 주는 좋은 기회라 보며 『아마존 탐사기』를 꼭 일독하기를 권하고 싶다.

민미숙, 서울대학교 수의과대학 연구교수, 한국양서파충류학회 초대회장

다큐멘터리 「아마존의 눈물」을 제작하기 위해 촬영팀은 2009년 아마존에서 200여 일을 보냈다. 10년의 시간이 흐르면서 당시 느끼고 경험한 두려움과 감동이 서서히 잊히고 있을 무렵 『아마존 탐사기』라는 책을 만났다. 양서파충류를 공부하는 20대의 젊은 생물학도가 아마존에 몸소 뛰어들어 보고, 듣고, 느낀 것들을 생생하게 기록한 책이다. 지구상에서 가장 많은 동식물 종을 보유하고 있는 생태계의 보고, 아마존은 아직도 문명의 손길이 미치지 못하는 지역이 많다. 독을 가득 품은 뱀을, 굶주림에 먹이를 찾아 헤매는 재규어를, 위험한 급류와 폭우를 만날 수도 있다. 저자 전종윤 군은 두려움을 이기고 아마존행을 택했고 그곳에서 수많은 경험을 했다. 독자 여러분도 이 책을 통해 아마존의 생명들을 만나길 바란다. 그리고 도전해 보길 바란다. 20년 후 여러분이 후회할 것은 한 일이 아니라, 하지 않은 일이라 말했던 마크 트웨인처럼. 그리고 그것을 직접 몸으로 보여 준 종윤 군처럼.

김진만, MBC PD, 다큐멘터리 「아마존의 눈물」 연출

아마존 열대우림으로
걸어 들어가며

　'여행'의 의미는 기존의 사회로부터 떠나 타성을 벗고 긴장과 설렘을 느끼는 데 있다고 생각한다. 2017년 12월부터 2018년 2월까지, 아마존에서 6주 동안 내가 지낸 곳은 인간이 아닌 자연의 사회였다. 마음으로 소통한 현지인 가족과 팀원들을 제외하면 주변의 모든 것이 자연이었다. 인터넷과 모바일 데이터는 없었고, 전기와 불빛은 귀했다. 그러나 나 또한 자연의 일부로 녹아들었기에 매일이 설레고 새로웠다. 직접 마주하기 전까지는 무엇을 만날지 모르는 것이 밀림의 매력이었다.

　칠레의 작가이자 환경 운동가였던 루이스 세풀베다(Luis Sepúlveda)는 이런 말을 했다.

　"한번 아마존에 발을 들이면 영원히 그곳에 사로잡힌다."

　나 또한 그랬다. 아마존을 다녀온 지도 벌써 한참이 지났지만 여전히 아마존에 대한 '향수'를 느끼고 있다. 아침을 깨워 주던 새소리, 사랑의 춤을 추며 내 눈을 홀리던 형형색색의 나비들, 캠프 앞을 시원하게 흐르던 강물, 그 모든 것이 그립다. 특히 그곳에서 양서파충류 연구에 참여한 나는, 나를 쳐다 보던 작은 개구리들의 눈망울이 무척 그립다.

　보전생물학을 공부하는 내게 '아마존'은 어렸을 때부터 엘도라도(El Dorado: 옛 스페인 사람들의 상상 속 황금의 땅), 죽기 전에 꼭 가야 할 꿈의 정원이었다. 모든 학기를 마치고 졸업식을 치르기 전이 아마존에 갈 수 있는 마지막 기회라고 생각했다. 길게 고민하지 않고, 아마존에서 연구하는 기관을 알아본 끝에 'Fauna Forever(아마존 생태 보전을 위한 비영리 연구 기관)'에서 인턴 자격으로 연구할 수 있게 되었다. 고맙게도 학교에서도 나의 괴짜 같은 계획에 비용을 지원해 줬다.

이 값지고도 흔치 않은 경험을 나 혼자서 간직하고 싶지 않았다. 그러기엔 아마존은 너무나 아름다운 곳이었고, 그곳의 자연과 생명은 너무나 귀중했다. 내가 겪은 아마존은 분명 '검은 지옥'과는 거리가 멀었다. '지구의 허파' 이상의 '어머니 자연'이었다. 이 일기는 내가 6주간 아마존에서 연구에 참여하며, 관광으로서가 아니라 생활을 하며 직접 보고 들은 것들에 관한 기록이다. 이것으로 보다 많은 사람이 자연과 생명의 의미에 한 발짝 다가서게 되었으면 하는 것이 나의 작은 소망이다.

요즘 지구촌 뉴스의 화제는 연일 꺼지지 않는 아마존의 화재이다. 화재의 주요 원인으로 지목된 것은 목초지 확장을 위한 '인간의 방화'이다. 참담하다. 인간의 손길이 미치지 않은 곳이 없는 이 시대에, 아마존은 동남아시아의 구열대와 더불어 원시 자연의 마지막 보루였다. 그곳마저도 결국 돈을 향한 인간의 욕심이 잠식했다. 인간의 생활과 자연에 대한 보호가 조화를 이뤄야 한다는 본래의 신념이 강화되면서도, 한편으로는 인간의 끝없는 욕망에 깊은 원망과 증오를 느낀다.

그나마 희망적인 것은 전 세계인이 심각성을 깨닫고 물심양면으로 지원에 나섰다는 사실이다. 이번만큼은 정치, 경제, 사회적 계산 없이 모두가 순수한 자연과 생명만을 위해 힘을 합쳤으면 좋겠다. '아마존 열대우림'이 '아마존 사막'이 되는 날만은 부디 오지 않기를 간곡히 바라고 또 바란다.

2019년 9월
사람으로 가득한 도심 한 편에서, **전종윤**

● 목차

괴물 메뚜기가
반겨 주는 이곳

안녕, 페루!

　　크리스마스의 출국. 총 네 번의 비행, 만 하루의 비행시간, 공항 체류까지 더하면 꼬박 하루하고도 반나절을 하늘 언저리에서 보냈다. 빠듯한 마감 시간에 맞춰 환승 비행기를 타고, 중간에 짐이 한 번 없어지기도 하고. 우여곡절 끝에 페루의 아마존 도시인 푸에르토말도나도(Puerto Maldonado)에 도착했다. 비행이 끝날 때쯤 되니 몸은 살아 있는데 정신은 마비된 지경에 이르렀다. 눈은 갑갑하고, 머리는 욱신욱신했다. 아, 그러고 보니 트레킹화를 안 신고 왔다. 당일에 신고 가려고 따로 빼놓았다가 잊어버렸나 보다. 신발부터 사러 가야 할 듯하다. 이번 기회에 방수도 되는 트레킹화로 장만해야겠다고, 좋은 기회로 여겨 본다.

　　푸에르토말도나도 공항은 예전에 들렀던 마다가스카르의 모론다바 공항과 비슷하게 아담한 시골 정취를 풍겼고, 자연에 파묻힌 듯한 인상을 주었다. 비행기가 저공비행하면서부터 느꼈지만 야자수, 나무고사리, 바나나 나무 등이 이루는 울창한 초록의 물결은 나에게 '제대로' 찾아왔다는 안도감을 주었다. 내가 기대하고 기다리던 모습이었다. 푸에르토말도나도 공항

1~4 푸에르토말도나도 시내와 광장

에 내려 내가 함께 할 연구 기관의 매니저인 톰과 내가 소속될 양서파충류
팀의 리더인 브린을 만났다. 영국인인 이들은 처음 보는 나를 친근하게 대
해 주었고 실제로도 재밌고 편안한 사람들이었다. 오늘은 특별한 일정 없
이 호스텔에서 휴식을 취하고, 내일은 두 시간에 걸쳐 찻길과 뱃길로 정글
에 들어간다고 했다. 그래, 확실히 난 좀 쉬어야 했다. 당장은 무제한적인
수면과 식사가 필요했다.

　택시 안에서 브린과 이런저런 얘기를 나누며 호스텔로 향하는 길, 푸에
르토말도나도 시내는 완연한 시골이었다. 작은 구멍가게들과 신호등 없이
좁은 거리들, 그 사이로 아직까지 크리스마스를 즐기는 활기찬 광장이 눈
에 들어왔다. 동시에 도시 곳곳에 자리한 진초록의 나무와 풀들은 이국적
이기도 했다.

　호스텔도 마찬가지로 자연에 뒤섞여 푸르고, 벌레가 많았다. 벌레들과
함께 하는 자연 속 샤워를 경험할 수도 있었다. 호스텔 앞으로는 아마존강
의 줄기 가운데 하나인 탐보파타강이 흘렀다. 내가 묵을 이 호스텔은 오늘
뿐 아니라 도시로 나올 때마다 지내게 될 곳으로, (유일하게) 인터넷을 자유

● 호스텔 입구

로이 쓸 수 있는 곳이었다. 그 말인즉슨, 정글에서는 당연히 인터넷이 안 될 것이라는 의미이니 이곳에서 열심히 써 두어야 한다는 뜻이다. 외부로의 연락도 역시 이곳에서만 가능했다.

호스텔에서는 앞으로 함께 다닐 팀 멤버인 일본인 무쿠, 영국인 앰버와 인사를 나누었다. 다행히 둘 모두 친근하고 편안했다. 우리는 일본 애니메이션이나 영국 드라마 얘기를 하며 점점 대화를 터 나갔다. 점심은 근처의 레스토랑에서 해결했는데, 현지의 저렴한 물가를 실감할 수 있었다. 우리나라 돈으로 기껏 3,000원 정도임에도 소, 돼지, 닭 등 다양한 종류의 고기가 들어간 내 얼굴만한 버거가 나왔다.

식사를 하며 깨달았는데, 이곳은 생물 하나하나의 생김새가 정말 한국의 것들과는 완전히 달랐다. 식당에서 본 파리도 배가 누랬고, 거리에 있는 개미도 몸이 길쭉했다. 저녁을 먹으러 중식당에 가는 길에도 귓가에 들리는 개구리들의 울음소리가 신비롭게 다가왔다. 서로 비슷한 소리도 있었지만 이곳 개구리들의 노랫소리는 참 다채로웠다. 풀벌레 소리인지 잘 구분이 가지 않을 정도로 개구리 소리 같지 않은 소리마저 들렸다. 저녁식사 후에 돌아온 호스텔에서는 페루에서의 첫 양서류와의 만남도 성사되었다. 수수두꺼비(Cane toad, *Rhinella marina*)였다. 이 두꺼비는 마린 토드(Marine toad), 자이언트 토드(Giant toad)라고도 하며, 이번에 만난 놈은 작은 크기였지만 실은 엄청나게 거대해질 수 있는 놈이다. 호주에서는 생태계를 교란하며 골머리를 썩게 하는 침입종인데, 이곳은 자생지인 만큼 그 수가 꽤나 많다. 작고 무늬 없는 갈색 체색으로, 솔직히 예쁘지는 않았기 때문에 별감흥 없이 금방 놔주었다. 나는 호스텔 마당에서 들리는 다른 울음소리들이 더 반가웠다. 곧 그 노랫소리에 이끌려 휴대폰 불빛에 의지한 채 한참을 두리번거렸다.

● 호스텔에서 내려다본 마을과 탐보파타강

우림 속으로

아직은 시차 때문인지 수면과 기상이 불규칙하다. 새벽 5시 반에 일어나서 다시 잠들지 못했다. 한국은 지금 저녁 7시이기 때문에 호스텔의 와이파이를 이용해 최대한 연락을 주고받으며 시간을 보냈다. 슬슬 배가 고파 올 즈음에는 호스텔에서 주는 간단한 조식으로 허기를 달랬다.

식사를 마치고 곧장 앰버를 따라 은행으로 향했다. 오늘 트레킹화도 새로 사러 가기로 했으므로 지갑에 돈이 넉넉히 필요했다. 수중에 있던 270달러 모두를 820솔로 환전했다. 은행은 한국과 별반 다를 게 없었다. 무장한 청원경찰이 있었고, 더운 날씨 속에서 유일하게 에어컨이 빵빵한 곳이었다. 환전 후에는 곧 톰, 앰버와 함께 시장을 찾았다. 한국에 두고 온 트레킹화를 사기 위해서였으나, 아쉽게도 이곳 시장에는 280mm를 신는 나에게 맞는 트레킹화가 없었다. 나처럼 발이 큰 사람은 톰도 살면서 처음 본다. 잠시 톰 얘기를 하자면, 톰은 꼭 미국 드라마「왕좌의 게임」에 나오는 '샘웰 탈리'와 닮았는데 뭐든 잘 먹었다. 이곳 시장에서도 1솔짜리 과일주스를 시작으로, 현지식 버거, 라임주스(설탕이 들어가지 않았으므로 정확히는 라

임즙이 맞을 것 같다)에 견과를 넣은 음료까지 계속 먹었다. 마지막의 이 시큼한 견과류 음료는 나도 먹어 보았는데, 꼭 식초에 콩을 넣은 듯했다. 나는 더 먹지 못할 맛이었지만, 톰은 그 신 것을 마치 콜라 마시듯 후루룩 털어 넣었다. 시장을 나와서는 마트로 향했다. 특이하게도 마트 입구에 사물함이 있어서 가방과 큰 소지품은 사물함에 넣어 두고 쇼핑을 해야 했다. 절도를 방지하기 위함인 듯했다. 나는 특별히 필요한 게 더 없었으므로 정글에서 당을 보충할 사탕과 젤리만 세 봉 샀다.

페루의 택시는 공항에서 호스텔로 올 때 탔던 큰 밴 같은 승용차 택시와 동남아시아에서 자주 볼 수 있는 오토바이에 좌석을 연결한 툭툭 택시, 그리고 오토바이 택시 세 종류가 있다. 오늘은 종일 툭툭 택시를 타고 돌아다녔는데, 요금은 보통 3솔, 그러니까 우리 돈으로 1,000원쯤 한다. 사실 승용차 택시를 타고 시내에서 공항까지 요금도 편도로 약 10솔이면 된다. 상상할 수 없는 저렴함이다.

다시 호스텔로 돌아와서 짐을 꾸리고, 한국의 가족, 친구와 마지막 연

1, 2 푸에르토말도나도의 시장

락을 나누었다. 이제 정글로 들어가면 한 달 후에나 도시로 나온단다. 그 한 달 동안 나는 물질세계를 벗어나는 셈이다. 그리고 도시에서의 마지막 끼니를 먹었다. 어제 점심을 해결했던 그 레스토랑에서 나는 가장 비싸다는 소고기 요리로 팔자에 다시없을 마지막 사치를 부렸다. 그래도 이게 20솔, 많아야 8,000원밖에는 하지 않는다. 싸고, 양도 많고, 맛까지 있다. 물가가 저렴하니 외식을 즐기기에 참 좋은 나라라는 생각이 은연중 번뜩인다.

마침내 오후 2시가 되어 우리가 타고 갈 차가 호스텔 앞에 도착했다. 덩치가 좋아 보이는 사륜구동 차량은 앞으로의 험로를 예고하는 듯했다. 서둘러 짐을 싣고, 길을 재촉했다. 차에는 우리 짐 말고도 한 달 치 식량으로 보이는 것이 가득 실려 있었다. 과적이 아닌지 불안해하는 사람은 오직 나뿐이었을까? 더구나 이곳은 한창 우기여서 길 위에는 비가 쏟아지다 말다를 반복했다. 하필(어쩌면 다행히), 한참 포장도로를 달리다 비포장도로로 들어설 즈음 차 엔진에 문제가 생겼다. 더 이상 이 차로는 갈 수가 없어 새로운 차를 기다려야 한단다. 그렇게 한 시간 정도 새로운 차가 오기만을 기다리며 차 안에서는 찍지 못한 도로변의 푸르른 풍경들을 카메라에 담았다. 고속도로가 맞는지 눈을 의심할 정도로 도로 양 옆으로는 넓은 들판과 키큰 나무들이 즐비했다. 도로의 양 끝을 나타내는 하얀 경계선만이 이 인공물을 지켜줄 뿐 도로는 마치 자연에 잠식당한 느낌이었다. 드디어 새로운 차로 갈아타고 다시 출발하고 나서도 비포장도로를 따라 한참을 더 들어갔다. 진흙길을 달리는 꿀렁이는 차 속에서 내 몸도 함께 들썩였다. 울퉁불퉁하게 굽이치는 오프로드는 문명을 떠나 야생에 접어들었음을 실감케 했다.

오프로드가 끝난 지점에서는 보트로 갈아타고 뱃길로 20분을 더 들어갔다. 상쾌한 뱃바람이 두 뺨을 간질이는 갈색의 강, 그 주위로 펼쳐진 울창하고 다채로운 나무들과 그 위에 자리 잡은 장엄한 뭉게구름. 사진으로 남기지 않을 수 없는 한 폭의 아름다운 풍경화였다. 자연의 미술관을 넋 놓고

● 푸에르토말도나도 외곽의 고속도로. 바로 옆으로는 들판과 숲이 이어진다.

감상하던 우리는 어느새 목적지인 연구지에 도착했다.

　이곳 연구지의 코드명은 시크릿 포레스트(Secret Forest)이다. 사유지이기 때문일까? 아니면 비밀의 화원(secret garden)을 연상시키려는 것일까? 아무튼 이름부터 특별했다. 보트에서 내려 베이스캠프까지는 진흙길을 또 걸어 들어가야 했다. 무겁기만 한 내 짐이 얼마나 야속하던지, 다른 팀원들의 여유를 보며 바리바리 짐을 싸던 과거의 나를 후회했다. 보트를 몰아 준 치키 아저씨와 그의 아들인 보니가 도와주지 않았더라면 고생 꽤나 했을 것

1 차가 고장 나 잠시 멈춘 마을에서 본 풍경
2, 3 마을을 돌아다니는 오리와 닭들
4, 5 눈빛이 초롱초롱한 아기 고양이와 나른한 오후를 즐기는 강아지

● 탐보파타강 주변의 자연

이었다. 베이스캠프에 도착해서 요리사인 로사 아주머니, 숲의 안주인 리
타 아주머니, 그리고 이곳의 다른 사람들과 반갑게 인사를 나누었다. 모두
페루 현지인이었는데 다들 인상이 밝고 편안했다.

　대충 짐을 두고, 빈 침대를 하나 골라 보금자리를 꾸렸다. 새 시트를 깔
고 부드러운 베개를 놓았더니 나름 아늑했다. 내가 지내게 된 이곳 캠프는
자연과 어우러진 모습 그 자체였다. 들판 위에 마루와 지붕을 만들고 그 안
에 모기장 친 침대를 놓았다. 한쪽에는 책상과 소파, 해먹으로 작업 공간과
휴식 공간을 갖추어 두었다. 침대 근처에 있는 너풀거리는 얇은 플라스틱

시트가 벽을 대신했다. 사실상 사방이 뚫려 있는 셈이었다. 이곳의 마스코트인 어린 고양이들과 장난치며 잠시 휴식을 취하다 보니 금세 날은 어두워지고 저녁 먹을 시간이 되었다. 식사는 내 예상과 달리 굉장히 맛있었다. 과장을 좀 하자면, 어제와 오늘 레스토랑에서 먹었던 식사보다도 훨씬 맛있었다. 쌀밥과 소고기 요리, 간단한 식초 드레싱 샐러드, 그리고 바나나 칩이 있었는데 케첩, 마요네즈 등 모든 종류의 향신료가 있었음에도 불구하고 아무것도 필요치 않을 정도였다. 정글에서의 삶에 또 하나의 행복을 가져다줄 중요한 요소였다.

저녁식사 후에는 이곳에서의 첫 생리 현상을 무사히 해결하고(이 또한 분명 아주 중요한 요소였다!), 리더인 브린으로부터 숲에서의 안전과 건강에 대한 설명을 들었다. 거미와 독사뿐 아니라 모기, 총알개미, 군대개미, 말벌 등 주변의 곤충들과 아나콘다, 퓨마, 재규어까지 온통 조심해야 할 것이었다. 그 가운데 하이라이트는 칸디루(Candiru, *Vandellia cirrhosa*, 일명 '페니스 피쉬')의 공격을 받지 않으려면 강물 속에서 절대 소변을 보면 안 된다는 것이었다. 이 무시무시한 물고기는 암모니아 냄새를 맡자마자 성기로 침투해 들어가 그 속에 닻을 내리기 때문에, 고통에 몸부림치게 되고 다시 빼내기도 쉽지 않단다. 게다가 마침 떠돌이거미(Wandering spider)는 두 눈으로 직접 볼 수 있었다. 역시 아마존이었다. 현재 진행 중인 연구조사에 대한 간단한 설명도 들었지만 이는 아무래도 내가 체험하며 배워야 할 부분이었다.

그러던 중 갑자기 "Snake!(뱀이야!)" 하는 소리가 들려서 앰버를 필두로 팀원 모두가 부엌으로 달려갔다. 나는 막바지 설명을 듣고 합류하느라 조금 늦었는데 이미 무쿠의 손에는 자그마한 검정색 뱀이 들려 있었다. 아직은 뱀이 낯선 내가 독이 없냐고 물어보니, 눈이 크고 동그래서 독이 없는 뱀임을 확신하고 잡은 것이란다. 한 손에 다 쥘 수 있을 만한 크기로 몸은 전체적으로 검은색을 띠었으나 배면은 노란색을 띠었다. 당장은 동정(종을 확인하는 것)이 어려운 종이어서 내일 하기로 하고 천주머니에 조심스레 넣어 두었다. 한국에서는 쉽게 보기 힘든 뱀을 이렇게 바로 볼 수 있을 줄은 생각지 못했다. 낯선 기분이었다.

　원래는 브린의 설명을 들은 후, 기존의 팀원들이 덮어 두었던 핏폴트랩*의 뚜껑을 열어 두러 짧게 나갔다 올 예정이었다. 하지만 약 17시간에 달하는 시차에 시달리던 나는 이미 졸음에 잠식당해 있었다. 아쉬운 마음으로 어둠 속 샤워실로 향했다. 다행히 이곳은 전기를 쓸 수는 있는데, 태양이 있을 때는 태양광 발전기를 이용하고 해가 진 이후에는 모터 발전기를 이용해 전기를 쓴다. 모터 발전기도 그리 오래 가지는 않아서 대략 6시부터 9시까지만 불이 들어왔다. 그 이후에는 각자 헤드랜턴을 이용해야 했다. 어두워진 자연 속에서의 샤워도 나름 운치 있고 좋았다. 긴 하루를 보내고 피곤했는지 샤워 후 바로 잠자리에 들었다. 예상대로 주위에는 날벌레들이 들끓었다. 그저 믿을 것이라곤 벌레 시체들이 나뒹구는 얇은 모기장뿐이었다. 그래도 제인 구달 선생님보다는 나을 것이라는 생각이 위안이라면 위안이었다.

* **핏폴트랩(pit-fall trap)**
　구덩이를 파고 그 안에 통을 묻어 둔 뒤 울타리를 설치해, 동물들이 통 속으로 떨어지도록 유도하는 채집 방법 혹은 도구이다.

1, 2 내가 생활한 시크릿 포레스트의 캠프 3 핏폴트랩

열대 환상곡

새벽 7시가 조금 지나, 자연이 연주하는 환상곡에 눈을 떴다. 이 환상곡의 메인 연주자는 청아한 목청을 한껏 뽐내는 다양한 새로, 새들의 아름다운 노랫소리는 마치 상상 속에서나 들을 법한 것이었다. 이런 거짓말 같은 자연의 합주를 알람 삼아 눈을 뜨다니, 짙푸른 어느 영화의 주인공이 된 것만 같았다. 그 가운데 가까이에 들리는 어느 새의 꼭 '물방울 떨어지는 듯한' 노랫소리가 가장 인상적이었다. 정말 지구상에 있을 법하지 않은 소리였다. 이윽고 거실에 앉아 자연이 선사하는 음악을 들으며 주변을 노니는 형형색색의 나비를 구경하니 이만한 호사도 없겠구나 싶었다. 나비들은 정말 한 마리, 한 마리가 다채로워 눈길을 끌지 않는 것이 없다. 날아다니는 한 폭의 그림 같다. 날파리조차도 화려해서, 확실히 열대의 색채는 지구상 그 어떤 곳보다도 특별한 듯했다. 캠프를 나와 화장실 가는 길에는 저만치에서 뛰어가는 카피바라(Capybara, *Hydrochoerus hydrochaeris*, 가장 큰 현생 설치류)도 한 마리 보았다. 이곳에서 처음 만나는(그것도 꽤 큰) 포유류였다. 다만 자세히 볼 새도 없이 곧 사라져 아쉬움이 컸다.

아침식사는 소시지가 섞인 스크램블 에그와 커다란 팬케이크, 그리고 과일과 주스였다. 오늘부터 본격적으로 조사에 참여하기 때문에 든든하게 먹어 두어야 했다. 더 이상 생리 현상이 부담되지 않았던 터라 부족함 없이 먹었다. 식사를 마치고 곧장 브린과 핏폴트랩을 확인하러 갔다. 어제 내가 함께 가지 못한 그곳이었다. 트랩은 캠프에서 멀지 않은 곳에 설치되어 있었으나 가는 길이 진창길이어서 쉽지만은 않았다. 트랩은 총 네 개였는데, 앞의 두 개는 간밤에 내린 큰 비로 지하수가 넘쳐흘러 그 큰 통이 뽑혀 나와 있었다. 대충 확인해 보니 역시나 잡힌 동물은 없었고 브린과 나는 구덩이의 물만 주야장천 퍼내야 했다. 덥고 습한 날씨 속에 작업을 시작하자마자 땀이 비 오듯 쏟아졌다. 덕분에 주변 모든 벌레, 특히 모기들로부터 불편한 관심을 받게 되었다. 나는 목에 걸고 있던 카메라와 등에 메고 있던 가방

1, 2 올챙이에서 개구리로 변한 지 얼마 되지 않은 페루흰입술개구리 아성체

을 한 쪽에 내려놓은 채 물부터 빠르게 퍼내었다. 깊은 구덩이 끝까지 팔이 닿지 않아서 바지도 다 버려야 했다. 어찌어찌 물을 퍼내고 다시 한 번 확인 하는데, 1번 트랩의 구덩이에서 페루흰입술개구리(Peru white-lipped frog, *Leptodactylus rhodonotus*) 아성체 한 마리와 올챙이를 찾을 수 있었다(도대 체 물에서만 움직이는 올챙이는 땅 한가운데 박힌 이 트랩에 어떻게 빠진 것일까?). 마침 앰버가 자신의 프로젝트로 올챙이를 구해 기르고 있었다. 브린이 개구리와 올챙이를 각각 비닐에 담아 시간과 장소 등 간단한 정보를 기록한 뒤 트랩을 다시 정비하고 캠프로 복귀했다.

돌아온 캠프에서는 처음으로 큼지막한 녹색 도마뱀을 만날 수 있었다. 브린의 말로는(나의 예상외로) 흔한 종이라고 한다. 흔함과 귀함에 정해진 기준은 있을 수 없지만, 흔한 종이 어찌도 저렇게 크고 예쁠 수가 있는지 그 동안의 내 삶의 직관을 벗어난 것이었다.

잡아 온 개구리 아성체와 올챙이에 관해 필드노트에 기록하고 개구리 는 SVL*도 측정해 기록했다. 이로써 오늘의 오전 일과는 마무리됐고 남은 시간을 이용해 나는 열심히 캠프 주변 동물들을 사진으로 담았다. 그 가운 데에는 아름다운 나비들과 무시무시한 턱을 가진 군대개미도 있었다. 군대 개미는 한 번쯤 꼭 만나 보고 싶은 곤충이었는데 운이 좋게도(?) 꽤 일찍 만 났다.

매번 점심식사에는 수분 및 무기염류를 보충하기 위해 직접 갈아 만든 주스가 특별히 준비되었다. 갓 만든 데다 설탕이 듬뿍 들어가 맛이 없으려 야 없을 수가 없다. 더구나 워낙 비 오듯 땀을 흘리는 나에게는 반갑고 절실

---

* SVL(snout-vent length)
코부터 총배설강까지의 길이로, 양서류와 파충류의 길이를 측정하는 기준으로 쓰 인다.

1~3 캠프 주변을 활보하는 중대형의 아마존채찍꼬리도마뱀(Amazon whiptail, *Ameiva ameiva*)

1 무시무시하게 발달된 턱을 가진 군대개미(Army ant)
2, 3 전체적으로 검은 몸과 노란 배면을 지닌 *Atractus* 속의 뱀

4~7 형형색색의 나비와 나방 **4** 디도긴날개나비(Dido longwing, *Philaethria dido*)
5 줄리엣나비(Juliette butterfly, *Eueides aliphera*) **6** 왕제비꼬리나비
(King swallowtail, *Heraclides thoas*) **7** 초록줄무늬노을나방(Green-banded urania, *Urania leilus*)

한 것이었다. 내 점심식사량의 절반은 언제나 주스가 차지했다.

점심식사 직후, 어제 잡아 둔 검은 뱀을 천주머니에서 꺼냈다. 어제 하지 못한 동정을 하기 위해서였다. 그러나 다 같이 찬찬히 살펴본 다음에도 끝내 동정에는 실패하고 말았다. *Atractus* 속의 뱀으로 생각이 되는데 이 속에 속하는 뱀들은 워낙 변이가 다양해서 이곳에서 종 수준까지 정확히 동정할 수가 없었다. DNA 서열 확인 등 형태학적인 분류 외에 좀 더 면밀한 확인이 필요하다. 애석하지만 이는 현장 연구의 한계라면 한계였다.

그렇게 동정 실패의 아쉬움을 뒤로하고 곧바로 나의 첫 방형구 조사*에 나섰다. 내가 소속한 양서파충류 팀은 당연히 양서류와 파충류를 찾아내고자 무진 애를 썼으나 아쉽게도 아무것도 발견하지 못했다. 이전에는 부시마스터(Bushmaster, *Lachesis muta muta*, 아마존에 서식하는 크고 치명적인 독사)나 손바닥만한 뿔개구리(Horned frog, *Ceratophrys* 속, 눈에 돌기가 있고 입이 큰 개구리)를 발견하기도 했다고 한다. 그나마 이곳에서 야생의 총알개미를 처음으로 볼 수 있었는데, 개미라고 믿기 힘들 만큼 크기가 커서 한눈에 보아도 '아, 이놈이 총알개미구나' 하는 생각이 곧장 들었다. 엄지손가락 한 마디만한 길이에 앞다리 끝은 노란색을 띠는 것이 특징이었다.

캠프로 돌아오는 길에는 앰버를 따라 다른 곳에 있는 핏폴트랩을 확인하러 나섰다. 핏폴트랩은 오전 9~10시와 오후 4~5시 사이에 하루 두 번, 두

---

* **방형구 조사**(quadrat sampling)
  10m×10m의 정사각형 방형구를 설정한 뒤 모든 조사자가 각 꼭짓점에서 시작하여 각각의 변을 따라 이동하면서 서식 생물들을 확인하는 방법이다. 한 변을 따라 확인이 완료되면 약 1m 안쪽으로 이동한 뒤 다음 변을 따라 조사하면서 결국에는 각자가 나선형을 그리며 방형구의 중심을 향해 모여들게 된다. 다른 조사 방법과 달리 굉장히 능동적인 조사 방법이어서 조사 경로를 가로막는 장애물들은 각자 정글도(刀)를 휘둘러 제거하며 나아간다.

군데를 확인한다. 오전에 갔던 곳은 '너클 헤드 폴스(Knuckle Head Falls)'라고 부르며 항상 범람하는 비교적 낮은 지대에 설치한 트랩이었고 지금 가는 곳은 '바이퍼 폴스(Viper Falls)'라고 부르며 비교적 건조하고 높은 지대에 설치한 트랩이다. 서로 다른 환경에서 서식하는 동물 군집의 차이를 파악하기 위해 환경이 현저히 다른 두 곳에 설치했다고 한다. 바이퍼 폴스로 가는 길은 평소 빨래를 하는 개천을 지나기 때문에 원래도 습한 길인데 오늘 내린 비로 더 미끄러운 진흙길이 되어 있었다. 더구나 가파른 경사를 꽤 올라야 해서 상당히 위험하고 힘들기도 했다. 예전에 훈련소에서 겪은 전투 훈련보다 더 힘들다는 하소연이 절로 나왔다. 그런 나를 보며 앰버는 이 길을 매일 오가야 할 테니 익숙해져야 할 거라고 했는데 그러기는 영 어렵게만 보였다. 게다가 그렇게 고생 끝에 올라간 트랩에는 아무것도 없었다. 내려오면서 나뭇등걸에 붙어 자고 있던 신기하게 생긴 땅콩벌레(Peanut bug, 혹은 Lantern bug, *Fulgora laternaria*, 정식 국명은 악어머리뿔매미) 두 마리를 봤을 뿐이었다. 이 녀석들은 머리가 꼭 땅콩처럼 생겼는데 물리면 꽤 아플 거란다. 혹여나 건드리지 않도록 조심조심 사진을 찍고 살며시 발걸음을 옮겼다. 돌아오는 길에는 진흙에 발이 깊게 빠져서 장화가 한 번 벗겨지기도 했다. '부트 킬러 트레일(Boot Killer Trail)'이라는 이 길 이름의 의미가 절로 와닿았다. 결국에는 너무 지치고 힘들어서 침대로 돌아와 뻗어 버렸다.

저녁식사 이후에는 다 같이 무쿠가 가져온 애니메이션을 시청했다. 이곳에서는 특별히 취미로 즐길 만한 게 없어서 이렇게 한데 모여 애니메이션을 보는 게 또 다른 낙이자 거의 유일한 취미 활동이었다.

어느덧 밤이 되어 모두가 다시 조사에 나섰다. 이번에는 방형구가 아닌 선 조사*였다. 선 조사를 위한 구역까지는 캠프에서 메인 트레일을 따라 한참을 걸어 나가야 했다. 가는 길에는 캠프 근처에 작은 연못이 있어서 지금과 같은 우기에 많은 양서류가 산란을 위해 이곳을 찾는다. 잠시 둘

● 노린재목의 곤충으로, 머리가 땅콩처럼 생겨 이름 붙여진 땅콩벌레

러보는 동안 앰버가 꽤 큰 나무개구리를 잡았고 나는 엄청나게 밝은 색을 띠는 작고 예쁜 다홍치마나무개구리(Red-skirted tree frog, *Dendropsophus rhodopeplus*)를 발견했다(안타깝게도 잡지는 못했지만…). 조사에 앞서 잠시 들른 이곳에서 더 많은 동물을 보고, 정작 선 조사 중에는 선두에 섰던 무쿠가 발견한 작은 개구리 아성체 하나만 본 것이 전부였다. 그러나 양서류 외에도 야행성 원숭이들, 꽤 큰 노래기들, 커다란 여치와 베짱이 등 눈으로 보고도 믿기지 않는 열대우림의 생물들을 만날 수 있었다. 긴발가락개구리

과(Leptodactylidae)의 개구리들이 개미집에 낳은 거품 덮인 알들도 꽤 보았다. 이 개구리의 올챙이들은 알 속에서 성장하다가 큰 비가 내려 알 거품을 씻어 내려 주기를 기다린다고 한다. 우리나라의 개구리들이 모두 연못 같은 물웅덩이에 뭉텅이로 알을 낳는 것과 달리, 열대우림의 개구리들은 알을 낳는 방식도 참 다양하리라는 것을 짐작할 수 있었다.

돌아오는 길 역시 흥미로웠다. 벌어진 수피 사이로 검정색 몸에 노란 얼룩이 있는 꽤 큰 도마뱀이 자는 것을 관찰하기도 하고, 한밤중임에도 부지런히 일하는 잎꾼개미들 역시 눈길을 끌었다. 우리 팀 멤버들도 이 흥미로움에 한몫씩을 보탰다. 앰버는 쓰러진 고목 속에 자리한 말벌집에 트라우마를 느껴 어둠을 무릅쓰고 혼자 다른 길로 돌아서 가고, 무쿠는 뒤처지다 홀로 길을 잃어버려서 나와 브린이 다시 찾으러 가기도 했다. 이곳에 꽤 오래 있었던, 더구나 이 길을 만들었던 무쿠가 길을 잃었다는 것이 모순적이긴 했지만 잠시 홀로 있는 동안 그간 이곳에서 듣지 못한 새로운 종의 울음소리를 들었단다. 길을 잃은 것이 전화위복이 된 셈이었다. 오늘 돌아다니다 보니 정글 안에는 우리가 다니는 길이 한두 갈래가 아니다. 왠지 난 시간이 지나도 '절대' 이 복잡한 길들을 익히지 못할 것만 같다.

* 선 조사(line transect)
　100m의 직선 경로를 정하고 조사자들이 이 경로를 따라 걸으며 주변의 모든 서식처를 샅샅이 확인하는 방법이다.

핏폴트랩

이제 슬슬 시차 적응이 되어 가는 것 같다. 7시가 조금 넘어 한 번 깼다가 다시 일어났을 때는 9시가 거의 다 된 시각이었다. 오늘은 장대 같은 빗소리에 눈을 떴다. 비가 무섭게 쏟아졌다. 과연 오늘 일과를 보낼 수 있을까 걱정이 되었지만 비는 아침식사를 마치자 거짓말처럼 그쳤다. 인상적인 맛의 바나나 튀김으로 아침식사를 하며 브린한테 물어보니까, 어제 들었던 '물방울처럼 예쁜 소리를 내는' 새는 갈색등오로펜돌라(Russet-backed oropendola, *Psarocolius angustifrons*)로 추정된다고 했다. 나무에 대롱대롱 매달린 집을 만드는 점이 특징인, 몸은 검고 꼬리는 노란 새였다.

오전에는 어젯밤 잡은 개구리들의 동정, 무게와 SVL 측정으로 하루를 시작했다. 무쿠가 어젯밤 선 조사 중 잡은 것은 너무 어리고 작은 개체여서 동정을 할 수 없었으나 앰버가 잡은 꽤 큰 놈은 로켓나무개구리(Rocket tree frog, *Hypsiboas lanciformis*), 내가 측정한 그보다 조금 작은 놈은 마드레드디오스긴발가락개구리(Madre de Dios thin-toed frog, *Leptodactylus didymus*)였다. 둘 다 갈색의 비교적 큰 개구리로 하얀색 입술이 있어 언뜻 비슷해 보

1 비행 중인 갈색등오로펜돌라 2 나무에 대롱대롱 매달린 갈색등오로펜돌라의 둥지

이기는 했어도 발가락 끝이 확연히 다르다. 로켓나무개구리는 나무개구리라는 이름답게 나무에 붙어살기 위해 발가락 끝에 원형의 흡판이 있지만, 마드레드디오스긴발가락개구리는 흡판 없이 길고 뾰족한 발가락이 있다. 동물의 종을 구분하는 데에는 때론 이렇게 세밀한 형태적 확인이 필요했다.

측정 후에는 무쿠와 함께 너클 헤드 핏폴트랩을 확인하러 길을 나섰다. 네 개의 트랩 안에는 로랜드열대황소개구리(Lowland tropical bullfrog, *Adenomera andreae*) 한 마리와 현재까지 이곳에서는 발견되지 않았던 라파

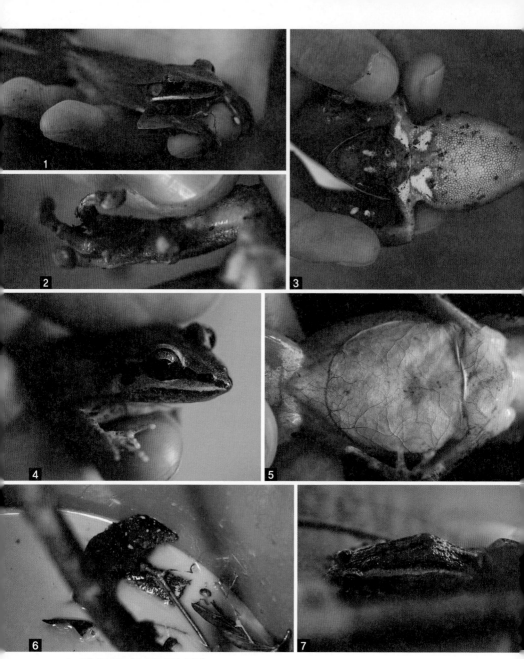

1~3 로켓나무개구리의 전신과 발가락판
4, 5 마드레드디오스긴발가락개구리의 옆모습과 배면
6 핏폴트랩에 빠져 있는 숲쥐
7 측정 중인 로랜드열대황소개구리

즈도둑개구리(La Paz robber frog, *Oreobates cruralis*) 한 마리가 잡혀 있었다. 로랜드열대황소개구리는 이곳에서는 매우 흔한 종으로, 찍찍거리는 하이 톤의 울음소리가 특징이었는데 황소개구리라는 이름과는 어울리지 않게 엄지손가락만한 크기의 아주 작은 개구리다. 두 종 모두 갈색 몸에 작은 돌 기가 돋아 있어서 그리 예쁜 모습은 아니었다. 재밌는 사실은, 개구리들만 이 이 깊고 축축한 '감옥'에 수감되는 것이 아니라는 점이었다. 그들 외에도 통 안에는 빗물에 쫄딱 젖은 쥐 두 마리가 빠져 있었다. 물에 젖어 추위에 오 들거리는 모습이 처량하고 안쓰럽게만 보여서 얼른 꺼내 주었다. 무쿠 말 로는, 양서류나 파충류 이외에도 육상 생활을 하는 다른 동물이 간간이 이 '개구리 전용 수영장'을 찾는데, 특히 쥐들이 단골손님이란다. 간혹 트랩 확 인을 게을리하면 익사한 채로 물 위에 둥둥 떠 있는 경우도 있다고 하니, 그 야말로 살벌한 일탈이 아닐 수 없다.

트랩을 확인하고 나니 어디선가 프로펠러 같은 소리가 귓전을 울렸다. 시선이 맺히는 곳으로 고개를 돌려 보니 조막만한 벌새가 정신없이 날아다 니고 있었다. 이곳 정글에서 처음 만나는 벌새였다. 진녹색의 자그마한 몸 으로 이리저리 초고속 정지비행을 이어가며 쉴 새 없이 꿀을 탐했다. 실체 를 확인하기 전의 날갯짓 소리는 겁이 나리만큼 요란했으나 그 모습은 너 무나도 귀여웠다. 기대하지 못한 반가운 손님이었다. 캠프로 돌아가는 길 에도 형형색색의 풀벌레들, 손가락 길이만큼 큰 지네, 두 손바닥을 합친 크 기의 거대한 푸른색 유리나비를 보며 나는 '열대우림'에 있다는 것을 실감 했다.

점심식사 후 곧 브린과 함께 주간 조사를 떠났다. 이번에는 선 조사였 는데, 조사 중 양서파충류는 만나지 못했지만 용머리를 한 거대 애벌레 를 만난 것이 내겐 소득이라면 소득이었다. 오히려 조사를 마치고 돌아오 는 길에 다시 한 번 확인한 너클 헤드 핏폴트랩이 오늘의 알짜였다. 이번에는 독개구리과(Dendrobatidae)의 세줄독개구리(Three-striped poison frog, *Ameerega trivittata*)가 빠져 있었던 것이다. 이곳에 와서 꼭 보고 싶었던 동물 가운데 하나였다! 감격스러운 첫 조우였다. 새까만 몸 위로 난 밝은 형광빛 초록색 줄무늬가 너무나도 아름다웠다. 내가 가장 좋아하는 색채였다. 크기도 너무 크거나 너무 작지 않고 적당해서 손안에 품기에 좋았다. 독개구리류는 독화살개구리(Poison dart frog)라고도 불리기 때문에, 이름만 들어서는 왠지 벌거벗은 원주민의 독 묻은 화살촉이 생각나서 겁이 날 법도 하다. 하지만 독개구리라는 이름과는 어울리지 않게 사실 먹지 않는 이상 만지는 것은 전혀 문제 될 것이 없다. 거침없이 채집하고 빠르게 돌아와서는 바로 측정을 시작했다.

이후에는 다 같이 모여 영화와 애니메이션을 보며 여유를 즐겼다. 여기

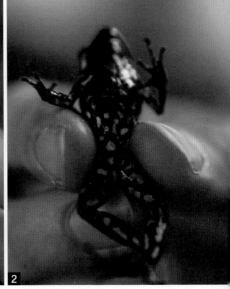

1 밝은 연두색 무늬가 있는 세줄독개구리
2 세줄독개구리의 배면

까지는 완벽했는데 어느 정도 보다 보니 그나마 약하게 돌아가던 발전기가 결국 고장이 나 버렸다. 불이 들어오지 않는 밤이었다. 촛불을 켜 놓고 저녁을 먹어야 했다. 저녁 메뉴는 토마토소스 파스타여서 내가 잘 먹을 수 있을 줄 알았는데 간이 너무 세서 맘껏 먹지 못했다. 페루 현지의 음식은 기본적으로 짜거나 달거나, 아무튼 간이 세다. 더운 날씨에 땀을 많이 흘리기도 하고 에너지 소모도 크기 때문인지, 어쨌든 이 또한 점차 적응해야 할 부분이었다.

야간에 두 개의 방형구 조사를 진행했다. 과격하게 수행하는 방형구 조사를 두 개나 하니 끝날 때쯤에는 온몸에 기운이 쭉 빠지고 목이 바싹 타들어 갔다. 결과적으로 첫 번째 조사에서는 아무것도 찾지 못했다. 그러나 두 번째 조사 구역은 중간에 계곡이 포함된 곳이어서 다들 기대감이 높았다. 역시나 무쿠가 도마뱀 하나와 동정하기 힘든 개구리 아성체 하나를 찾아냈다. 다만 그 과정은 결과에 비해 무척 험난했다. 계곡 지역이어서 경사도 급하겠다, 마침 오늘 비도 왔겠다, 조사 경로를 따라가는 나의 걸음에는 '우당탕탕'하는 소리가 끊이지 않았던 탓이다. 넘어지고 미끄러지고 생난리도 아니었다. 그나저나 이번 방형구 조사 중에도 느낀 것이지만 번개 무늬 딱정벌레도 그렇고 이곳의 벌레들은 생김생김이 참 다채롭다. 내가 서 있는 이곳 아마존 열대우림이란, 어느 것을 보아도, 어느 곳을 보아도 정말 흥미로움이 흘러넘치는 곳인가 보다.

살벌한 벌레들

어제 채집한 동물들을 측정하는 것으로 하루를 시작했다. 방형구 조사 중 찾은 도마뱀은 황록나무도마뱀(Olive tree runner, *Plica umbra*)으로, 연구 팀이 이곳에 온 이후 처음 발견한 것이란다. 이구아나와 비슷하게 생긴 외형에 가시 돋친 듯한 인상이 눈을 끌었다. 외형에 비해서는 그리 까칠까칠하지 않았다. 오히려 온순하게 측정에 임하는 모습이었다. 측정을 마치고는 잠시 해먹에 누워 사색에 잠겨 있는데, 새까만 몸에 형광빛 주황색 뒷다리를 가진 웬 메뚜기가 내 눈앞에 뛰어와 앉는 게 아닌가? 바로 코앞에서 보면서도 눈을 의심해야 했다. 마치 외계에나 있을 법한 모습이었다. 놓쳐선 안 될 놈이라는 것을 직감하고 급히 카메라를 가지러 갔으나, 돌아왔을 때는 아쉽게도 녀석이 이미 사라진 뒤였다.

아침식사 후에는 홀로 너클 헤드 핏폴트랩을 확인하러 갔다. 여전히 그곳까지의 길이 익숙하지 않았지만 그래도 극도의 긴장 속에 어찌어찌 무사히 찾아갔다. 캠프에서 핏폴트랩까지는 가까운 거리였음에도 불구하고 혼자 숲길을 헤치고 다니는 것이 솔직히 아직은 겁이 났다. 트랩에서는 로랜

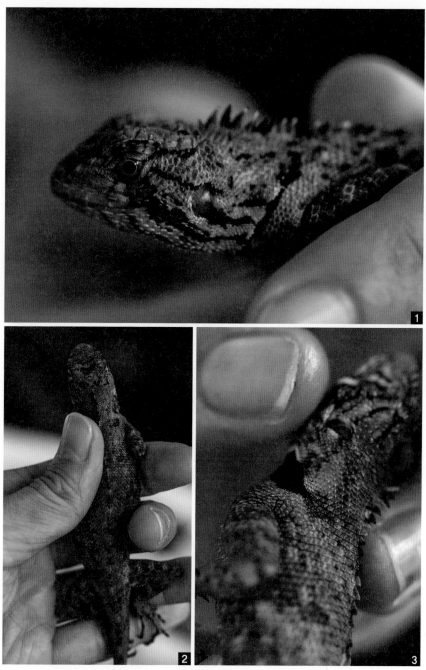

1 황록나무도마뱀 2 황록나무도마뱀의 등면
3 황록나무도마뱀의 목 안쪽에 있는 검은 반점. 스트레스를 받을수록 검게 변한다.

드열대황소개구리 한 마리를 채집해서 직접 측정하고 기록했다. 돌아오는 길에는, 옮기는 걸음걸음마다 수풀 속을 헤치며 도망가는 도마뱀들의 '후두둑'거리는 소리가 끊이질 않았다. 비록 눈에는 보이지 않을지언정 내 주변 어디에나 존재하는 미지의 야생을 실감했다.

핏폴트랩을 확인하고 돌아오니까 도시로 나갔던 조류 팀도 캠프로 돌아와 있었다. 조류 팀의 리더 페루인 라울, 페루의 대학생이면서 이곳에서 졸업논문을 준비하는 리카르디나, 미국인 인턴 신디아와 첫인사를 나누었다. 라울과 신디아는 나와 영어로 소통이 가능했는데 리카르디나는 영어가 서툴러서 대화를 나누기가 어려웠다. 우리 팀 사람들이 라울에 대해 하나같이 말하길, 그는 의도치 않게 종종 무례하기도 하고 때론 감정 기복이 심한 십 대와 비슷하다면서 내게 미리 주의를 주었다. 앞으로 함께 지내보면 아마 나 또한 직접 느낄 수 있을 것이다. 아니, 어쩌면 무료한 이곳 생활에 오히려 작은 흥밋거리가 될지도.

점심을 먹고 나서, 거실로 간 나는 놀라움에 충격을 금할 수 없었다. 이번에는 손바닥만한 '괴물 메뚜기'가 캠프 난간에 붙어 있는 게 아닌가? 어떻게 지구상의 메뚜기가 저토록 클 수 있는지 믿을 수가 없었다. 새빨간 얼굴에 암흑을 담은 듯한 커다란 눈, 목도리를 두른 듯한 목, 날카로운 가시가 바짝 돋아 있는 뒷다리, 노란 줄무늬가 선명한 큰 날개까지. 놀란 나를 보며 무쿠가 말하기를, 이놈은 뭐든지 다 먹어 치워서 지금은 저 난간을 먹고 있지만 곧 널어둔 옷도 먹어 버릴지 모른다고 했다. 자세히 보니 정말 이놈은 나무를 갉아 먹고 있었다. 이러다 곧 캠프가 무너져 내리는 건 아닌지, 홀로 걱정이 들었다. 괴물 메뚜기에 놀란 마음을 진정시키며 해먹에 누워 있는데 이번에는 더 무서운 소리가 고막을 울렸다. 공포 영화 속 귀신이 등장할 때 나오는 배경음악과 꼭 같은 소리였다. 처음에는 매서운 바람 소리인 줄만 알았으나 그것은 결코 바람이 아니었다. 고함원숭이(Howler monkey,

1 큰 메뚜기 종에 속하는 덕스대왕메뚜기(Dux giant grasshopper, *Tropidacris dux*)

2,3 목재 난간을 갉아 먹는 '괴물' 덕스대왕메뚜기

4 날카로운 가시가 돋은 덕스대왕메뚜기의 뒷다리

Alouatta 속)가 뱃고동 같이 '휘웅휘웅' 하며 우는 소리가 가까이에서 들려온 것이다! 곧 이어서 잿빛티티원숭이 두 개체군이 날카롭게 '끼끼-' 소리를 내며 세력 다툼을 하는 소리도 들려왔다. 포유류 연구 팀을 함께 맡은 브린이 옆에서 알려 주지 않았다면 영문도 모른 채 겁에 질려 있었을 것이다.

오늘은 웬일인지 참 재미있는 일들이 끊이지 않고 벌어졌다. 이번에는 치키 아저씨가 소독용 알코올을 들고 왔다. 이 숲의 주인인 치키 아저씨는 뒤꿈치에 들어가 있던 피키(피부를 뚫고 들어가서 알을 낳는 벌레)를 방금 빼내고 와서는 그 이야기를 해 주었다. 얘기를 듣고 있던 브린이 자기 발에 있는 게 그것 같다며 발을 보여 주었다. '혹시나? 역시나!'였다. 리타 아주머니가 그 자리에서 바로 바늘로 째고 피키를 빼 주었다. 치키 아저씨는 살아 움직이던 그것을 바로 불태워 없앴다. 이 부근에는 피키가 살지 않지만 우리가 지나온 강 반대쪽 선착장 '필라델피아(Filadelfia)'에는 피키가 있기 때문에 맨발로 다닐 때는 조심해야 한단다. 아마존에는 별 끔찍한 벌레가 다 있구나 싶었다.

피키에 이어 떠돌이거미도 이곳에 몸소 납시었다. 지난번 안전 및 건강에 대한 주의 사항을 들을 때 보고 다시 보는 것이었다. 아마도 이 녀석들은 눈에만 잘 띄지 않을 뿐 주변에 개체 수가 좀 되는 모양이다. 다만 그리 귀하지 않은 몸치고는 상당히 공격적이고 맹독성이다. 건드리지 않는 한 먼저 공격하는 일은 없다지만 한번 물리면 고열과 기절에 이어 전신 마비에까지 이를 수 있다고 하니, 주의해서 나쁠 것은 없겠다.

몸이 좋지 않아 낮잠을 청하러 간 브린과 무쿠를 대신해 너클 헤드 핏폴 트랩으로 향했다. 전날 물이 불어나면서 뽑혀 나온 트랩의 위치를 옮겨야 했다. 통을 옮기기 위해서는 그 통만한 구덩이를 새로운 자리에 다시 파야 했고, 통과 통 사이를 따라 플라스틱 시트 울타리를 세우기 위해 고랑도 내야 했다(트랩에 동물들이 잘 빠지도록 핏폴트랩 주위에 유도 울타리를 세

1, 2 가까이에서 본 *Phoneutria* 속의 떠돌이거미
3 조류 팀의 도구 상자에 알집까지 만들어 놓은 떠돌이거미

운다). 이를 위해서는 당연히 부근의 나뭇가지와 뿌리를 쳐내고 베어 내며 길도 내야 했다. 이 모든 것을 앰버와 둘이서 하려니 정말 어마어마하게 힘들었다. 땀은 비 오듯 쏟아지고 수동 굴착기와 정글도를 쓰느라 손에는 물집이 가득 잡혔다. 공사에 집중하는 중에는 엄청나게 거대한 침파리에 팔이 물렸는데 침이 어찌나 두껍고 긴지, 피부가 장침에 뚫리는 듯한 고통을 안겨 주었다. 아마존에는 다채로운 곤충이 많은 만큼 극악무도한 곤충도 많다. 그래도 이 모든 고된 노동에 대한 보상으로 트랩 안에 꽤 큰 도마뱀 한 마리가 잡혀 있었다. 진한 녹색으로 꼬리가 굉장히 길었고 무엇보다 등의 무늬가 예뻤다.

돌아와서 저녁식사 전까지 라울, 앰버와 수다를 떨었다. 라울은 아직 모든 것이 낯선 내게 말을 잘 걸어 주었다. 활발하고 적극적인 라울, 앰버와 같이 있으면 대화하기가 편하다. 연애 얘기를 시작으로, 딱 지금 시기에 맞는 각국의 새해 첫날 및 크리스마스 얘기 등등 이런저런 대화를 나누었다.

● 자기 몸길이만큼 기다란 침을 가지고 있는 침파리

서로 다른 나라의 서로 다른 문화와 풍습에 관한 이야기를 나누다 보니 가장 원시적이고 폐쇄적인 이곳 정글이, 참 모순적이게도 가장 인터내셔널한 곳이라는 생각이 불현듯 떠올랐다.

저녁식사 후에는 앰버와 둘이서 세 곳의 선 조사를 위해 길을 떠났다. 가는 길에 가짜독개구리를 발견해 채집했는데, 어제 잡은 독개구리와 비슷하게 생겼는데도 독과는 영 거리가 먼 녀석이다. 앰버 말로는 허벅지 뒤쪽의 붉은 점을 보면 확실히 알 수 있다고 한다. 두 번째 선 조사 중에는 나의 마수걸이로 완전한 살구색을 띠는 작은 개구리를 찾아냈다. 곧바로 앰버가 잡았지만 다시 떨어뜨려 끝내 놓치고 말았다. 엄지손톱만한 게 밝은 살구색을 띠어서 상당히 눈길을 끄는 놈이어서 아쉬웠다. 앰버는 미안해했지만, 숲에 진입하기 전 개구리 한 마리를 놓친 후 앰버에게 채집을 떠넘긴 내 불찰인가 싶었다. 기억으로나마 내일 동정해 보아야겠다.

오늘의 선 조사는 유난히 힘이 들었다. 중간에 야행성 말벌도 몇 번 마주쳐서 '야행성 말벌 트라우마'를 지닌 앰버는 질겁하기를 반복했다. 이전에 이놈한테 눈두덩이를 쏘여 한동안 눈도 못 뜨고 다녔다고 해서 그 심정이 이해는 갔다. 야행성 말벌은 빛에 반응하므로, 말벌이 출현할 때마다 나는 재빨리 헤드랜턴을 끄고 움직임을 멈추어야 했다. 앰버 말로는 비행마저 가능한 야행성 말벌의 위력은 총알개미와 비슷하거나 그 이상이라고 한다. 마침내 돌아와 샤워실로 향하는 길목 한가운데에서는 손바닥만한 바퀴벌레가 나를 반겨 주었다. 그렇게 샤워실로 향했던 나의 설렘과 기대는 충격과 공포로 바뀌고 말았다.

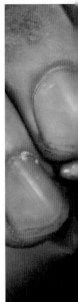

새해 전야

어느덧 올해의 마지막 날이다. 지구 반대편, 아마존 정글에서 맞는 올해의 마지막 하루는 다른 듯하면서도 다르지 않았다. 오늘은 마침 일요일이기 때문에 특별한 일정은 없었다. 나는 어제의 피곤에 절어 여느 때처럼 가볍게 일어나지 못했다. 내가 침대에 파묻혀 있는 사이 나와 무쿠를 제외한 모두는 이미 새로이 길을 내기 위해 캠프를 나섰다. 숲 내부에는 조사 구역으로 이동하기 위해 몇 갈래로 길을 열어 놓았는데 한 갈래 길은 약 750m 정도이다. 이번에 만드는 길은 '아르마딜로 트레일'이라고 부르게 될, 숲의 한 중간을 가로지르는 길이었다. 얼마 전부터 길을 내는 작업은 종종 조사 일정이 없을 때마다 이어지는 중이었다. 작업을 나간 팀원들은 얼마나 작업을 오래한 것인지 내가 아침을 먹고도 한참이 지나서야 돌아왔다. 오늘부터는 노트북에 더 이상 남은 배터리가 없다. 발전기가 고쳐질 때까지 당분간 충전도 어려워서 종이에 대신 일기를 쓰기 시작했다.

어제 잡은 가짜독개구리는 긴발가락개구리과의 얼룩개미집개구리(Painted ant nest frog, *Lithodytes lineatus*)라고 불리는 녀석이었다. 세줄독개

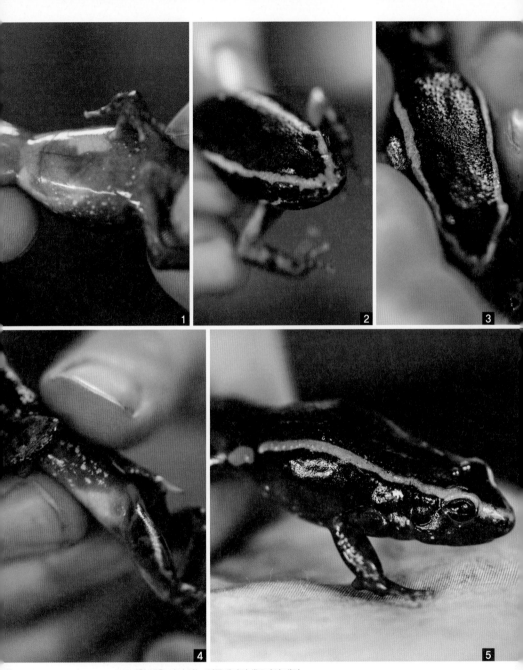

1 특정한 색을 띠지 않는 얼룩개미집개구리의 배면
2, 3 세줄독개구리와 비슷한 등면 무늬를 가진 얼룩개미집개구리
4, 5 얼룩개미집개구리의 다리에 있는 주황색 반점들

구리처럼 등에 줄무늬를 지니고 있지만 그와는 달리 밝은 연두색이 아닌 노란색으로 두 줄이 있으면서 허벅지와 무릎 주위에 주황색 반점이 있는 것이 외형상의 특징이었다. 생태적으로 개미집(특히 잎꾼개미의 집)에 거품으로 덮은 알을 낳는 것이 독특해서 이와 같은 이름이 붙여졌다고 한다. 마찬가지로 어제 잡았던, 등에 예쁜 진녹색 무늬가 있는 도마뱀은 숲채찍꼬리도마뱀(Forest whiptail, *Kentropyx pelviceps*)이라는 사춘기 청소년 같은 친구였다. 저항이 심하고 발톱이 날카로워서 맨손으로는 잡기가 쉽지 않았다. 그래도 나는 마치 붓으로 획을 그린 듯한 등의 녹색 무늬가 좋아 마냥 예뻐했다. 이 녀석과 비슷하게 '채찍꼬리도마뱀(Whiptail)'이라는 이름을 가진 도마뱀이 주변에 또 한 종 있었으니, 이제껏 캠프에서 흔히 보아 온 그 녀석의 이름 또한 아마존채찍꼬리도마뱀(Amazon whiptail, *Ameiva ameiva*)이었다. 이 '채찍꼬리도마뱀'이라는 이름은 아주 잽싼 녀석들에게 붙는 이름인 게 분명했다. 숲채찍꼬리도마뱀은 야생에서 눈에 띈 적이 단 한 번도 없었으며 언제나 핏폴트랩에서만 발견됐다. 아마존채찍꼬리도마뱀은 주변에 널려 있어 봤자 워낙 예민하고 민첩해서 몰래 접근할 수조차 없었다. 물론 잡

1 강렬한 인상의 숲채찍꼬리도마뱀
2 숲채찍꼬리도마뱀의 배면

3~6 여러 각도에서 본 아마존긴꼬리스킹크도마뱀

는 것 또한 사실상 불가능했다.

그리고 오늘 아침, 브린이 바이퍼 폴스 핏폴트랩에서 도마뱀을 한 마리 더 데려왔다. 내겐 새로운 종으로, 이 종은 아마존긴꼬리스킹크도마뱀 (Amazonian long-tailed skink, *Varzea altamazonica*)이었는데 광택이 도는 매끈한 피부가 특징이다. 한국에서 가끔 만났던 도마뱀과 생김새는 비슷했으나 역시 이쪽이 훨씬 크다.

오늘 점심은 새해 전야(New Year's eve)를 기념해 돼지고기와 닭고기 바비큐로 한상 가득 거하게 들어찼다. 정글에서 먹는 직화 바비큐는 앞으로도 잊지 못할, 그야말로 황홀한 맛이었다. 오늘은 준비된 음식의 양도 많아서 다른 사람들 먹을 양을 생각하느라 눈치 볼 필요도 없었다. 원 없이 그릇을 채울 수 있었다. 풍족한 그릇에는 나의 행복도 담겼다.

아침부터 볕이 좋아서 큰맘 먹고 첫 빨래에 나섰다. 정글에서의 빨래란 으레 상상하는 그대로다. 냇가에 앉아 잠시 자연에 신세를 지는 것이다. 손과 솔이 곧 세탁기다. 다행히 세제는 있어도 빨래판 같은 것은 없다. 진갈색의 냇물에 세제가 얼마나 효과를 발휘할지는 의문이지만 아무튼 냇물에 옷을 비비며 잘 적신 후 세제를 풀어 둔 대야에 한동안 담가 둔다. 그리고 다시 냇물에 옷을 헹구고 볕이 잘 드는 빨랫줄에 널어 두면 그것으로 빨래가 끝난다. 이곳에서는 날씨를 가늠할 수 없기 때문에 화창한 날에는 일단 없던 빨래도 하고 보는 것이 불문율이라고 한다. 그런데 하필이면 빨랫감을 물로 한 번 다 적셨을 즈음에 비가 퍼붓기 시작했다. 밝은 얼굴을 내보이던 해는 순식간에 자취를 감췄다. 하늘에는 흐린 구름만이 가득했다. 날씨에 속아 넘어간 나는 결국 캠프로 돌아와 비가 그치기를 기다려야 했다. 그런 나를 보던 치키 아저씨는 오늘은 빨래하기가 불가능할 거라며 말렸지만(낯선 스페인어였음에도 난 분명히 알아들었다), 기어이 나는 한 시간을 기다렸다가 잠깐 해가 다시 나온 사이에 냉큼 빨래를 끝냈다.

빨래를 하는 약 한 시간 동안은 자연 속에서 완전한 무방비 상태가 된다. 빨래에 집중하느라 내게 관심을 보이는 암컷 모기들에 일일이 거절 의사를 전할 수가 없다. 다만 나의 경계심이 풀어지는 만큼 그 짧은 시간 동안은 자연에 깊숙이 동화된다. 미네랄을 섭취하기 위해 냇가의 진흙을 찾아오는 아름다운 나비들의 군무와 근처의 화밀(花蜜)을 찾아 날아다니는 초록의 벌새, 바로 옆 나무의 높은 가지에 앉아 쉬던 청록색 새를 벗 삼을 수 있다. 카메라를 두고 온 것이 두고두고 아쉬운 순간들이다. 모기의 주삿바늘 세례에 몸이 움찔움찔하기도 했지만 자연의 친구들 덕에 썩 즐길 만한 빨래였다.

한바탕 빨래를 마치니 다시 비가 퍼부었다. 이곳에서는 비가 한번 오면 마치 하늘 전체가 폭포로 변하는 듯 무섭게 퍼붓는다. 요란한 장대비 소리

덕분에 다른 모든 소리는 강제로 음소거 상태다. 하지만 빗소리를 BGM 삼아 해먹에서 책을 읽는 것도 꽤나 운치 있었다.

나는 오늘 어딘지 몸이 좋지 않았다. 아마도 체기가 있는 것 같은데 물갈이를 하는 것인지 과식을 한 것인지 알 수 없는 노릇이다. 내가 침대에 누워 쉬는 사이 브린은 바이퍼 폴스 트랩에서 잡아 왔던 동물들을 놓아주러 갔다가 이곳 미기록 종인 뱀과 개구리 한 종씩을 잡아 왔다. 그동안 캠프에서는 병아리를 훔쳐 먹으러 왔다가 실패한 채 현장 검거된 무지개보아뱀(Rainbow boa, *Epicrates cenchria gaigei*)을 잡았다. 난생처음 본 중대형 뱀이다. 독은 없다고 해도, 물어 죽인 병아리를 보니 무는 힘은 상당히 강해 보였는데 앰버는 이런 뱀도 척척 잘 잡는다. 측정은 내일의 일이었다. 우선은 큰 천주머니에 넣어 두었다.

밤 10시부터는 한 해의 끝과 시작을 기다리며 모두 함께 술자리를 가졌다. 워낙 활발하고 명랑한 앰버가 여러 가지 게임을 준비해 와서 그녀의 주도로 다 같이 어울리는 시간이 되었다. 이역만리 페루 아마존에 와서 술게임이라니 상상도 못한 일이었지만 현지 가족들, 팀원들과 조금 더 가까워진 기분이었다. 정신없이 게임을 하다 보니 어느덧 자정이 다가와, 모두가 한 목소리로 카운트다운을 외치고 환호성을 지르며 새해를 맞았다. 두루두루 돌아다니며 서로 반가운 새해 인사를 나누었다. 공간은 작을지라도 분위기만큼은 큰 페스티벌 부럽지 않았다.

아쉽게도 나는 몸이 계속 온전치 않아서 끝까지 함께하지 못하고 새벽 2시 즈음 자리를 떴다. 밝은 새해를 앞두고 누군가 발전기를 고쳐 놓았는지, 달달거리는 모터 소리가 늦은 시각까지 들려왔다.

무지개보아뱀

간밤에 아기 고양이들이 자꾸 내 침대를 비집고 들어와서 잠을 편히 이루지 못했다. 어쨌든 새로운 해는 밝았고 달력이 바뀌었다. 이곳보다 앞서 새해를 맞이한 한국의 사람들은 오늘을 어떻게 보내고 있을까? 문득 한국의 사람들이 그립다.

어제 브린이 새로 잡아 온 개구리는 볼리비아염소개구리(Bolivian bleating frog, *Hamptophryne boliviana*)였다. 이 녀석은 일반적으로 상상하는 개구리와는 생김새도, 울음소리도 전혀 다르다. 작은 세모꼴 머리는 몸과의 경계가 불확실하다. 퉁퉁한 몸은 넙데데하기까지 하다. 마음 같아서는 '넓적 개구리'라고 부르고 싶지만 이 녀석과 이 녀석의 친척들이 'Sheep frog'라는 영문 일반명을 가진 데에는 또 그만한 이유가 있었다. 마치 양이나 염소처럼 '메에-' 하는 진한 바이브레이션의 울음소리를 내는 탓이다. 여러모로 신박한 녀석이었다. 이외에 로랜드열대황소개구리 두 마리, 얼룩개미집개구리 한 마리도 측정을 끝냈다.

핏폴트랩을 확인하고 돌아오는 길에는 군대개미들이 바쁘게 움직이고

1, 2 재미있게 생긴 볼리비아염소개구리
3, 4 볼리비아염소개구리의 특색 있는 등면과 배면 무늬

있었다. 이전에 캠프 근처에서 군대개미의 병정개미들 몇 마리를 본 적은 있었지만, 일개미들이 이렇게 떼 지어 다니는 것은 처음 본 터라 카메라 셔터를 바쁘게 눌러댔다. 집을 옮겨 다니는 종인 만큼 아마도 다른 지역으로 이사 겸 전쟁을 나가는 길이 아닌가 생각되었다.

　캠프로 돌아와서 드디어 뱀들을 측정하기 시작했다. 어서 무지개보아 뱀을 보고 싶어 다들 안달이 나 있는 상태였다. 워낙 빛깔도 예쁘고 큰데 독도 없는(물리면 많이 아프겠지만) 뱀이라 측정 후에는 기념사진 촬영식이

1 버챌군대개미(*Eciton burchellii*)로 추정되는 군대개미의 일개미들

거행되지 않을 수 없었다. 평소 뱀을 멀리하던 조류 팀의 팀원들까지 사진을 찍겠다고 나섰다. 나도 기념사진을 핑계 삼아 앰버에게 뱀 잡는 방법을 배웠다. 뱀의 머리와 몸통의 경계인 머리뼈 뒷부분을 엄지와 검지로 고정하고, 나머지 손가락으로 목 부분을 지그시 잡아야 한다. 반대쪽 손으로는 몸통을 잡고 받쳐 준다. 뱀은 생각보다 골격이 약해서 잡을 때 힘 조절에도 신경을 써야 했다. 처음 뱀을 다루는 것인데다, 왠지 약하게 잡으면 나를 물 것 같고, 세게 잡으면 뱀이 다칠 것 같은 내적 갈등 속에서 더욱 긴장이 되었

2, 3 올바르게 뱀을 잡고 있는 모습 4 얌전한 무지개보아뱀
5 핀셋으로 벌려 본 무지개보아뱀의 입

다. 나는 얼른 내 촬영을 마치고 다른 사람들을 열심히 찍어 주었다. 그러던 중에 앰버가 꼭 송곳니를 봐야겠다며 핀셋으로 뱀의 입을 열어젖히기를 마다하지 않았다. 나는 그저 보며 감탄할 뿐이었다. 두 번째 뱀은 줄무늬남미물뱀(Banded South American water snake, *Helicops angulatus*)으로, 무지개보아뱀보다 훨씬 작지만 독성이 있는 놈이다. 다행히 치명적인 수준은 아니고 물리면 며칠 앓아누울 정도의 독이란다. 하지만 작아서 잡기도 어려운데 공격적이기까지 해서, 다들 기념사진은 고사하고 다루는 것조차 쉽지

1 작지만 매서운 줄무늬남미물뱀 2 줄무늬남미물뱀의 배면 무늬
3 결을 치며 움직이는 뱀의 몸길이를 측정할 때는 뱀의 몸을 따라 줄을 대어
끝과 끝을 맞춘 뒤, 그 줄의 길이를 잰다.

않았다. 이 녀석 역시 앰버가 송곳니를 확인해 보니 입이 작음에도 불구하
고 길고 날카로운 송곳니를 지니고 있었다.

점심 메뉴였던 소고기 덕에 에너지를 충전하고, 아르마딜로 트레일을
만들러 나갔다. 오늘은 치키 아저씨의 아들 보니와 치키 아저씨네 농장에
서 일하는 보리스도 함께했다. 나는 신디아, 리카르디나, 보리스와 길의 초
입을, 무쿠, 라울, 보니는 후미를 맡아 중간에서 만나기로 하고 작업을 시작

4 정글도를 휘두르며 숲 사이를 뚫어서 만든 아르마딜로 트레일

했다. 작업은 앞선 사람이 정글도로 길을 내면 뒷사람들이 떨어진 나뭇가지와 낙엽들을 치우며 마무리하는 방식으로 이루어졌다. 한창 작업을 하다 중간쯤 도달했을까, 후미 팀은 보이지 않고 갑작스레 비가 퍼붓기 시작했다. 내 몸이나 옷보다도 카메라가 걱정되었던 나는, 매번 가방에 넣고만 다니던 접이식 판초 우의를 드디어 펼치게 되었다(다시 접어 넣기가 너무 귀찮아서 선뜻 꺼내지 못하던 터였다). 비가 너무 많이 와서 작업도 더 이상 진행하기 힘들고 후미 팀과 합류해야 했기에, 나와 신디아, 리카르디나는

현 위치에서 대기하기로 하고 보리스가 그들의 위치를 파악하기 위해 떠났다. 홀로 길을 떠나는 뒷모습을 보는데 보리스는 역시 현지인이라 그런지 정글도를 다루는 솜씨도 남달랐다. 그의 예리한 칼놀림에서는 부드러운 파찰음이 났다. 경쾌하게 돌리는 칼질 몇 번에 빽빽하던 숲에 길이 열렸다. 다행히 얼마 뒤 보리스와 함께 후미 팀이 나타났고 곧이어 거짓말처럼 비도 잦아 들었다. 우리는 서로의 위치와 트레일의 윤곽을 확인한 후 잠깐 휴식을 취했다. 이제 돌아갈 법도 했는데 후미 팀과 보리스는 뒤쪽에 남은 작업

● 숲속에 어우러진 모습이 우아하고 근사한 무지개보아뱀 (Photo by Tsujino Muku)

을 끝내러 다시 숲 저편으로 향했다. 오후 5시가 가까워져 나와 신디아, 리카르디나만 마지막으로 트레일을 정비하면서 캠프로 복귀했다.

얼마 되지 않아 나머지 후미 팀도 돌아왔고, 저녁을 먹었다. 어김없이 또 한차례 비가 쏟아지는데 왠지 이번 비는 심상치 않았다. 큰 비가 내리면 때때로 숲 곳곳에서 나무 쓰러지는 소리가 나곤 한다. 보통은 나무가 울창하게 들어서 있는 숲 내부에서 쓰러지기 때문에 소리가 멀게 느껴지지만 이번에는 아주 가까운 곳에서 '쿵' 하는 소리가 났다. 저녁식사 도중 다 같이 놀라며 일순간 정적이 흘렀다. 확인해 보니 화장실과 샤워실 바로 앞에 큰 나무가 쓰러져 있었다. 캠프가 자리한 곳은 나무가 많지 않은 열린 들판이라 이렇게 큰 나무가 쓰러질 가능성은 다들 생각해 보지 않은 부분이었다. 당분간은 숲으로 나갈 때 내 허리 높이의 나무를 넘어 다녀야 할 성싶다.

밤에는 별다른 조사를 나가지는 않았다. 무쿠와 나만 잡아 온 동물들을 자연에 돌려보내러 숲으로 향했다. 원칙적으로 동물들은 그들이 잡힌 위치 근처에 놓아주어야 하기 때문에, 지난 하루 동안 여러 곳에서 잡혀 온 동물들을 서식지로 돌려보내려면 그것만으로도 적잖은 일이 된다. 이미 아르마딜로 트레일 작업으로 꽤나 지쳐 있었던 터라, 가장 먼 곳인 선 조사 구역에서 잡힌 동물이 없었다는 게 위안이라면 위안이었다. 오늘의 하이라이트는 다시 한 번 무지개보아뱀이었다. 천주머니를 열어 숲으로 돌려보내 주는데 자연 속에 어우러진 무지개보아뱀은 정말 숨이 턱 막힐 정도로 멋들어졌다. 어둠 속에서는 낙엽과 비슷한 보호색 덕에 눈에 잘 띄지 않으면서도, 어렴풋이 보이는 피부의 무지갯빛 광택이 그야말로 환상적이었다. 가볍게 다녀올 생각에 카메라를 두고 온 것을 후회했다. 고맙게도 카메라를 가지고 있던 무쿠가 나중에 사진을 '꼭' 보내 주기로 약속했다.

매일이 새로운 아마존,
뜻밖에 만난 아르마딜로

운수 좋은 날

오늘 너클 헤드 핏폴트랩에는 로랜드열대황소개구리 하나가 빠져 있었고, 우연히 펜스 곁을 뛰어가던 작은 갈기숲두꺼비(Crested forest toad, *Rhinella margaritifera*)도 발견했다. 측정을 하며 물어보니까 흔한 종이라는데, 갈기가 돋친 등, (작지만) 단단하면서 바짝 선 눈매가 꼭 흔해서는 안 될 것만 같은 비주얼로 보였다. 움직임이 둔한 두꺼비 종이다 보니 다루기도 수월해서 앞으로 점점 더 애착이 갈 것 같다.

오늘은 브린, 무쿠, 나, 이렇게 양서파충류 팀끼리 아르마딜로 트레일로 향했다. 우리 팀만의 구역이 필요했다. 정확히 물어보진 않았으나 아마도 방형구 조사를 진행할 위치를 탐색해야 하는 듯싶었다. 나에게는 캠프를 나서는 매 여정이 신나는 정글 탐험이었기에 굳이 이유를 따질 필요는 없었다. 캠프를 벗어난 초입에서는 큼지막한 도마뱀(나만 못 본 테구도마뱀(Tegu)이었을 것이다)도 나타나 우리를 축복해 주는 것만 같았는데, 작업을 시작하려는 순간 여지없이 또 비가 내리기 시작했다. 게다가 선두인 브린의 발 앞으로 나무줄기가 쓰러지는 아찔한 상황이 벌어지기도 했다. 하

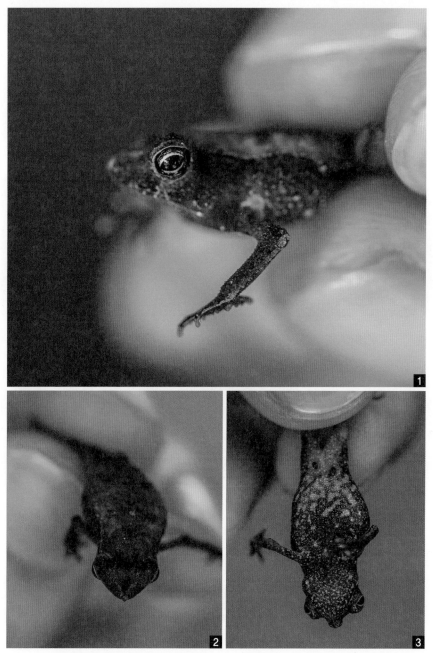

1 어린 갈기숲두꺼비. 아직 발달이 완전하지 않아 곧게 선 눈매를 사진에 담을 수 없어 아쉬웠다.

2, 3 갈기숲두꺼비의 등면과 배면. 코끝에서 시작해 양 갈래로 올라가는 눈매가 보인다.
성장할수록 눈매가 높고 곧게 자랄 것이다.

1 아르마딜로 트레일을 따라 저 멀리 앞서가는 브린(왼쪽)과 무쿠(오른쪽)

2 캠프로 돌아오는 길에 만난, 숲을 닮은 초록색 매미

는 수 없이 간단히 오솔길을 내며 다시 캠프로 돌아와야 했다.

거센 비는 점심 후에도 그치지 않았다. 강 건너로 새로운 조사 구역을 확보하러 가려던 원 계획도 취소할 수밖에 없었다. 개인적인 서류 작업과 독서로 낮 시간을 보내던 중, 심심했는지 앰버가 말을 걸어왔다. 우리 연구 기관, 그리고 자매 기관에 대해 얘기를 나누기 시작했다. 앰버가 말해 주기를, 우리 기관은 다른 기관들과 달리 곳곳에 연구지가 산재해 있고 약 3개월 주기로 연구지를 옮긴다고 한다. 연구지에서 맺는 현지인들과의 관계에 따라 이미 떠나온 연구지로 돌아가기도, 돌아가지 않기도 한다는데, 얼마 전까지 있던 '보카'라는 연구지에서는 관계가 그다지 좋지 않았다고 한다. 다행히 이곳 시크릿 포레스트에서는 사람들과 사이가 아주 좋은 편이었다. 내가 보아도 외국인 연구자 집단인 우리를 배려해 준다는 느낌이 크던 차였다. 말도 잘 통하지 않고, 입맛도 다른 데다, 조사 때문에 생활 패턴도 많이 다른데 오히려 더 다가오려 노력하는 쪽은 언제나 치키 아저씨네 가족이었다. 나는 이곳 사람들은 다 이렇게 따뜻한 줄만 알았다.

저녁에는 포유류 무인 관찰 카메라 샘플 영상을 보았다. 연구지 곳곳에는 야행성이거나 사람을 곧잘 피하는 포유류를 조사하기 위해 관찰 카메라를 설치해 두고 종종 수거하여 확인한다. 오늘 본 영상은 이전에 찍힌 것 가운데 생물 종별로 잘 나온 것을 모아 둔, 말하자면 모범 영상이었다. 대형 포유류는 인간에 대한 경계심이 많아서 이렇게 무인 카메라가 아니면 구경하기도 힘들었다. 샘플 영상에는 흔한 아구티(Agouti, *Dasyprocta* sp.)는 물론이고, 빗자루를 연상시키는 꼬리가 매력적인 큰개미핥기(Giant anteater, *Myrmecophaga tridactyla*), 갑옷을 두른 공룡을 보는 듯한 왕아르마딜로 (Giant armadillo, *Priodontes maximus*)도 있었다. 그 가운데 하이라이트는 역시 퓨마(Puma, *Puma concolor*)와 재규어(Jaguar, *Panthera onca*)다. 고양이과에 속하는 이 아마존의 최상위 포식자들은 내뿜는 포스도 역시 남달랐다. 카메라 앞을 지나는 한 걸음, 한 걸음에서 우아한 기품이 느껴졌다. 두려울 것 따윈 없다는 제왕의 당당한 걸음걸이였다. 재규어 영상에는 카메라가 신기한 듯 얼굴을 들이미는 놈도 있어서 예상보다 귀여운(!) 얼굴도 또렷이 볼 수 있었다.

밤이 되어 무쿠와 또 길을 나섰다. 선 조사 두 개가 오늘의 야간 조사 할당량이었다. 본격적인 조사에 나서기 전, 바이퍼 폴스 트랩도 한 번 확인하고 오늘 측정을 끝낸 동물들은 다시 자연의 품으로 돌려보내 주었다. 오늘 조사에서는 나의 활약이 꽤 괜찮았다. 가는 길에는 넓은 나뭇잎 위에 고이 앉아 있던 아놀도마뱀(Anole)을 발견해서 재빠르게 낚아챘다. 아놀도마뱀은 동그란 눈과 날씬한 외모가 매력적이어서 꼭 한 번 보고 싶었는데 내가 스스로 발견하고 채집하니 그 기쁨이 더했다. 두 번째 선 조사에서도 내 활약은 계속되었다. 첫 번째 선 조사에서는 아무것도 발견하지 못하여 점점 지쳐 가던 찰나, 내 시야에 무언가 요상한 움직임이 포착되었다. 허리 높이 정도의 나뭇가지를 타고 밧줄 같은 것이 이리저리 움직이고 있었다. 자세히 보니 색깔도 분명 밧줄인데 웬 줄무늬 같은 것이 있었다. 잠시 인지의 시간이 지나서야 나는 그것이 뱀이라는 것을 알아챘다. 흔들리고 있던 것은 새끼손가락 한 마디만한 녀석의 머리였다! 나도 모르게 "이거 뱀이야?"라는 말이 튀어나왔고, 앞서가던 무쿠를 불러 세웠다. 보고서도 믿을 수 없을 정도로 뱀이라기엔 너무 얇았다. 무엇보다 체구에 비해 커다란 눈이 꼭 고양이의 눈을 연상시켰다. 선 조사 중 계속된 '동물 가뭄'에 지쳐 있던 무쿠는 뱀을 채집해 담으며 내게 "Good job(잘했어)"을 연발했다. 찾아낸 나보다도 더 밝은 표정이었다.

이대로라면 기분 좋게 끝날 수도 있었을 하루였다. 선 조사를 모두 마무리하고 되돌아가는 길, 쓰러져 있던 나무를 밟고 지나가는데 하필이면 썩은 고목이었다. 나무 등걸이 쑥 꺼지면서 중심을 잃었다. 내 몸이야 훌훌 털면 그만이지만 헤드랜턴이 꺼지고 말았다. 넘어지면서 건전지가 빠졌나 보다. 무쿠의 불빛에 의지해 한참을 찾아보아도 끝내 찾지 못했다. 이곳에서는 구할 수도 없는 건전지인데…. 일단은 무쿠가 들고 다니던 손전등을 빌려 캠프로 돌아왔다. 아마존 탐사를 준비하며 한국에서 야심차게 구입했던 헤드랜턴이었다. 아, 며칠 써보지도 못한 것을…. 어쩐지 오늘은 재수가 좋더라니. 앞으로가 더 걱정이다.

캠프의 방문객

여느 때처럼 아침 9시에 눈을 떴다. 잠옷을 갈아입고 밥을 먹으러 식탁으로 향했다. 평소 이 시각쯤 되면 다들 일어나 시끌벅적할 법도 한데, 웬일인지 조용했다. 홀로 식탁에 앉아 팬케이크를 음미하다 보니 언제 일어났는지 브린이 와서 내 앞에 앉았다. 평소 둘만의 대화를 나눌 기회가 없던 우리는 자연스럽게 각자의 연구와 이곳 생활에 대해 이런저런 얘기를 시작했다. 내가 한국에서 연구하던 양서류 감염성 곰팡이균에 대한 이야기(전 세계적으로 큰 이슈이다), 이곳에서 연구 팀이 진행 중인 프로젝트들에 대한 이야기, 내가 이곳에서 하고 싶은 것 등등. 어쩌면 팀 리더인 브린과 면담을 하는 격이었다. 이제껏 브린과 학술적 대화를 나눠 본 적이 없었는데 역시 그는 경력을 갖춘 사람답게 얘기가 잘 통했다. 그와의 깊은 대화를 통해 이곳에서의 내 목표도 더욱 구체화되었다. "가능한 한 많은 생물을 만나고, 다양하게 경험하며, 그것을 사진으로 남기는 것." 이를 비단 양서류나 파충류에만 국한시키고 싶지는 않았기 때문에 포유류나 조류 조사에도 종종 참여하기로 결정하였다.

눈부셨던 나의 활약으로 채집한 어제의 동물들에 대해 동정과 측정을 시작했다. 채집하면서도 슬림해 보였던 아놀도마뱀은 이름도 정말 날씬이 아놀도마뱀(Slender anole, *Anolis fuscoauratus*)으로, 나뭇가지처럼 보이는 길고 가느다란 꼬리가 특징이었다. 고양이 눈을 가진 '캣츠 아이 스네이크'는 무딘머리나무뱀(Common blunt-headed tree snake, *Imantodes cenchoa*)이었는데, 아무리 보아도 뭉툭한 머리보다는 크고 동그란 고양이 눈이 더 인상적이었다. 얼굴 크기에 비해 이렇게나 큰 눈을 어떻게 일반명에 반영하지 않았는지, 나는 당최 이해가 가질 않았다. 그런데 이 아마존에는 아마존무딘머리나무뱀(Amazon blunt-headed tree snake, *Imantodes lentiferus*)이라 하여 이 녀석과 똑같이 생긴 뱀이 한 종 더 있단다. 이 두 종을 구별하기 위해서는 뱀의 몸통 측면을 타고 한 줄로 이어지는 비늘의 수를 세어야 하는데, 이 비늘의 수가 15개면 아마존무딘머리나무뱀, 17개면 (일반적인) 무딘머리나무뱀으로 동정한다. 이것도 개체에 따라, 부위에 따라 비늘 수가 일정하지 않거나 조사자가 실수를 할 수 있으므로, 서로 다른 부위로 약 세

● 위협하는 것처럼 조그만 입을 벌리고 있는 날씬이아놀도마뱀

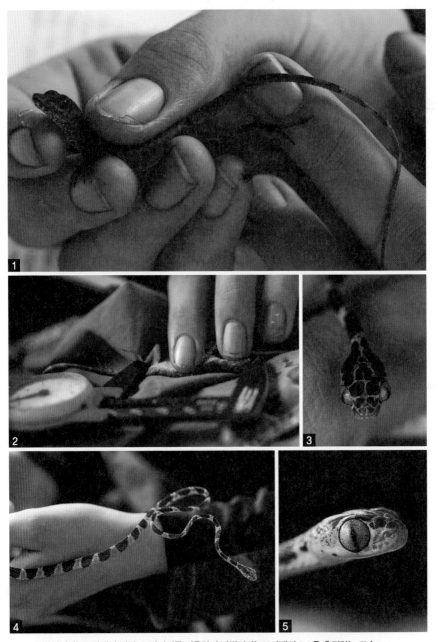

1 날씬이아놀도마뱀의 전신 2 칼리퍼를 이용하여 날씬이아놀도마뱀의 SVL을 측정하는 모습.
참고로 도마뱀의 경우에는 개구리와 달리 TL(total length)도 측정한다.
3, 4 무딘머리나무뱀은 나뭇가지 사이를 넘어 다니는 수상성(樹上性) 뱀답게 공중에서도
꼿꼿이 몸을 버티고 있는 힘이 좋다. 5 만화에서나 볼 법한 큰 눈을 뽐내는 무딘머리나무뱀

번 세어서 비늘 수를 확정하는 것이 정석이라고 한다. 똑같이 생긴 녀석들이 비늘의 수로 종이 나뉘는데, 그 비늘 수조차 일정치 않다고 하니 내 머릿속에서는 '종'에 대한 개념 또는 경계가 순간적으로 아득해졌다. '종(species)'이라는 것은 학술 연구를 위해, 그것이 아니더라도 어느 한계까지는 분명 존재하는 것이다(나비와 나방이 다르듯). 하지만 그 경계가 어디인지, 나는 정확히 가늠하기 힘들었다. 어쩌면 정말 원시 인간의 생존과, 현대 인간의 편의를 위해 인위적으로 설정된 부분이 있는 것인지도 모르겠다.

한편 캠프 뒷마당에 다홍색 부리를 지닌 검정이마비구니새(Black-fronted nunbird, *Monasa nigrifrons*)가 놀러 왔었다. 이 나무, 저 나무로 옮겨 다니며 나를 바라보는 새침한 녀석을 카메라에 담으며 시간을 보냈다.

그러다 곧이어 양서파충류 팀 회의가 소집되었다. 내게는 처음이었으나 아마도 종종 진행하는 듯싶었다. 회의의 첫 번째 안건은 팀원들의 건강 상태 확인이었다. 요 며칠간 다들 여러 이유로 몸이 좋지 않았다. 이제는 모두 괜찮은 듯 보였지만 팀 전체의 피로 관리와 업무 안배를 위해서는 가감

● 새초롬하게 다홍색 부리를 자랑하는 검정이마비구니새

없는 소통이 필요했다. 더구나 진료를 받기 쉽지 않은 정글에서는 건강 문제가 매우 중요한 부분이었다. 다행히 몸 상태는 다들 괜찮았다.

두 번째는 핏폴트랩에 관한 안건이었다. 우기가 시작된 이후 큰 비가 자주 내리면서 트랩 내에 물이 차오르는 경우가 잦았다. 때문에 트랩에 빠진 동물, 특히 쥐가 익사하는 사례가 31일 이후 여섯 차례나 발생했다. 따라서 앞으로는 이러한 불상사를 방지하기 위해 오전 10시 이전에 한 번, 오후 5시 이전에 한 번, 이렇게 하루 두 번 트랩을 확인하자는 의견을 브린이 제안했고, 모두 동의했다. 우리에게는 조금 더 번거로워지는 정도지만, 동물에게는 생사가 걸린 일이니 마땅히 생명을 우선시하는 게 옳을 것이다.

또 한 가지 중요했던 안건은 강 건너의 새로운 조사 구역을 개척하는 것이었다. 지난번에 가 보려다 갑작스러운 큰 비로 훗날을 기약해야 했던 그곳이었다. 아직 강 건너의 주인 내외로부터 확답을 기다리고 있는데, 답이 오는 대로 며칠간은 그쪽에서 작업을 해야 해서, 빨래가 있으면 그전에 미리 해 두어야 한단다. 또한 그렇게 되면 핏폴트랩 확인은 강 건너로 가기 전후에 해야 했다. 강을 건너는 것도, 새로운 곳을 탐험하는 것도, 내겐 너무나 설레고 신나는 일이었다. 언제 올지 모르는 그날이 벌써 기다려진다.

마지막 안건은 야간 조사를 9시부터 시작하자는 것이었다. 이전까지는 두서없이 시간이 되는대로 조사를 시작하곤 했기에 조사의 시작과 끝이 들쭉날쭉했다. 어떤 날은 자정을 넘겨 돌아오기도 했다. 따라서 이제는 안전과 생활 리듬 조절을 위해 조사 시작 시간을 지키기로 의견을 모았다. 안건은 아니었지만 추가로, 원래 시행하다 중단했던 캠프와 화장실 청소 순번제를 조만간 실시할 것이라고 했다. 흙바닥과 마룻바닥의 경계가 없는 상황에서 사실 크게 할 것은 없었으나 좀 더 쾌적한 생활을 위한 최소한의 노력이었다.

조금만 주의를 기울인다면 가만히 캠프에 머물 때도 관찰할 대상이 무궁무진하다. 오늘은 군대개미 떼가 캠프 안을 이리저리 휘젓고 지나갔다. 기둥을 타고 위아래로 바삐 움직이다가 어느새 빈 침대 위를 점령하기도 하고, 금세 건너편의 난간을 타고 넘어갔다. 이래도 괜찮은 건가 싶어 브린에게 물어봤지만 브린은 대수롭지 않은 듯 넘겼다. 앰버도 아마 곧 지나갈 것이라며 시큰둥했는데, 시간이 지나자 거짓말처럼 정말 자취를 감췄다. 새로운 보금자리를 찾아 대이주 중이었나 보다. 얼마 전 보았던 캠프 내의 군대개미 병정들은 새집 마련을 위한 선발대였을 것이다. 한바탕 군대개미들이 지나가자 이번에는 붉은배티티원숭이(Dusky titi monkey, *Callicebus moloch*) 세 마리가 캠프 뒷마당에 있는 쓰러진 나무에 나타났다. 시끄러운 울음소리 때문에 평소에도 가까이 사는 줄은 알고 있었으나 이렇게 대놓고 낮은 곳에 내려온 것은 처음이었다. 그렇게 정신 사나운 울음소리의 주인공이 이토록 귀엽고 착하게 생긴 원숭이라니 내 상상과는 영 거리가 멀구나 싶었다.

어느덧 태양이 가장 강력해진다는 오후 2~3시. 아마존의 더위는 사람

● 캠프 뒷마당에 있는 나무로 내려와 나를 한참 내려다보던 붉은배티티원숭이

을 지치게 한다. 이곳에 존재하는 것만으로 무기력이 밀려온다. 말 그대로 아무것도 하기가 싫어진다. 내가 해먹에 누워 격렬히(?) 무기력을 즐기는 동안 캠프 뒷마당에는 세 마리의 아구티 가족이 찾아왔다. 한참을 뛰놀던 아구티들은 우리 캠프 마루 밑까지 헤집고 다니더니 내가 카메라를 찾으러 간 새 또 숲으로 줄행랑을 쳤다. 아마존 먹이그물의 최하위 소비자답게 엄청난 겁쟁이들이다. 아쉽게도 사진은 못 찍었지만 티티원숭이에 이어 아구티까지, 오늘은 포유류들에게 '인간 캠프 방문의 날'인가 보다.

반면 호모 사피엔스 앰버는 포유류에 별 관심이 없어 보였다. 본인이 프로젝트로 키우고 있던 올챙이 중 하나가 거의 개구리가 되었다며 자랑하러 다니기에 열심이었다. 이제 컨테이너 안에 개구리가 올라앉을 돌을 넣어 둬야겠다며 강변으로 돌을 찾으러 가겠단다. 특별히 할 일도 없고 시간은 넘쳐흘렀기에 들뜬 앰버를 따라나섰다. 오랜만에 보는 강은 한층 더 아름답게 다가왔다. 발 앞에 펼쳐져 유유히 흐르는 거대한 강, 그리고 강 건너의 몽실한 뭉게구름과 난생처음 보는 커다란 무지개의 조화. 그 앞에 선 나는 카메라를 들지 않을 수 없었다. 급히 캠프로 되돌아가 카메라를 가져왔다. 짧은 순간 동안 무지개는 상당 부분 사라져 버렸지만 여전히 강의 풍경은 아름다웠다. 일정한 유속으로 흘러가는 강물과 그 위를 느릿하게 스쳐가는 구름을 보고 있노라면 마치 최면에 걸리는 느낌이었다. 내가 강에 취해 하나로 녹아들었을 즈음, 앰버가 나를 깨웠다.

꽤 긴 시간이 흐르고 캠프에 돌아오니 브린이 너클 헤드 핏폴트랩을 확인하러 가는 길에 엄청 큰 뱀을 잡아 왔다고 했다. 저번에 잡았던 무지개보아뱀보다 크냐고 물으니 그렇단다. 상당히 자신 있는 뉘앙스였다. 내일은 새벽부터 조류 팀을 따라 낮 시간까지 조류 그물 포획(mist netting)과 가락지 부착(banding)을 함께 하기로 해서, 이 큰 녀석을 볼 기회를 놓칠까 걱정이 되었다. 다행히 브린이 나를 배려해 큰 뱀의 측정을 오늘 바로 하기로 했

● 뭉게구름 핀 탐포파타강의 모습. 오른쪽엔 무지개가 살며시 보인다.

으나, 급히 연구 팀 리더 간 회의를 하게 되는 바람에 측정은 무산되었다. 하지만 브린의 마음 씀씀이가 참 고마웠다.

　오늘밤은 날벌레들이 유독 활개를 쳤다. 하루살이와 불나방들이 내 침대 앞 전등 빛에 이끌려 요란을 떨었다. 오늘이 혼인비행날인지 수개미들도 잔뜩 모여들었다. 첫날밤 겸 결전의 날을 맞아 한껏 날이 선 그들의 무리 곁을 지나가다가 호되게 당했다. 군대개미의 수개미들인가…. 병정개미가 아니었는데도 고작 몇 방 물린 게 펄쩍 뛸 만큼 아팠다.

강을 건너,
새로운 조사지로!

　밤새 비가 내렸다. 조류 팀 일정이 취소됐다. 새벽 5시에 눈을 떠 요리조리 눈치를 보다가, 시간이 지나도 잠자리를 뜨지 않는 라울을 보며 나도 따라서 잠자리를 지켰다. 다시 눈을 떴을 때 물어보니까, 큰 비가 어젯밤부터 계속되어서 조류 팀은 물론이고 양서파충류 팀도 계획했던 조사를 마치지 못했단다. 원래는 선 조사와 방형구 조사를 하나씩 해야 했는데 비가 워낙 많이 와서 가까운 산란지만 확인하고 돌아와야 했다는 것이다. 이 비는 왠지 오늘 내내 내릴 것만 같았다.

　그래도 우리 팀의 소득이 아주 없지는 않아서 나무개구리 7~8마리를 잡아 왔다고 한다. 아니 사실 이 정도면 아주 없는 정도가 아니라 꽤 많은 정도다. 어제 핏폴트랩에서 잡아 온 동물들, 숲을 거닐며 우연히 채집한 동물까지 하면 오늘은 측정 대상이 제법 많다. 이제까지 봐온 것들에 비해 엄청나게 큰 갈기숲두꺼비, 마드레드디오스긴발가락개구리, 등에 올챙이를 지고 있는 세줄독개구리, 이곳에서는 미기록 종이었던 갈색알개구리(Brown egg frog, *Ctenophryne geayi*) 두 마리, 다홍치마나무개구리 여섯 마리, 노란

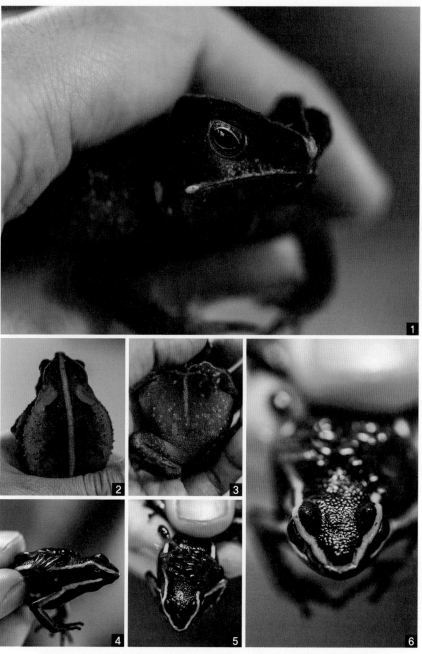

1 갈기숲두꺼비의 각진 눈매 2, 3 갈기숲두꺼비의 등면과 배면 무늬. 갈기숲두꺼비는 패턴이 다양한데, 이 녀석은 꽤나 예쁜 형태였다. 4~6 등에 올챙이를 지고 있는 수컷 세줄독개구리. 새끼들을 도맡아 기르는 정글의 하우스 허즈번드(house husband)라 할 수 있겠다.

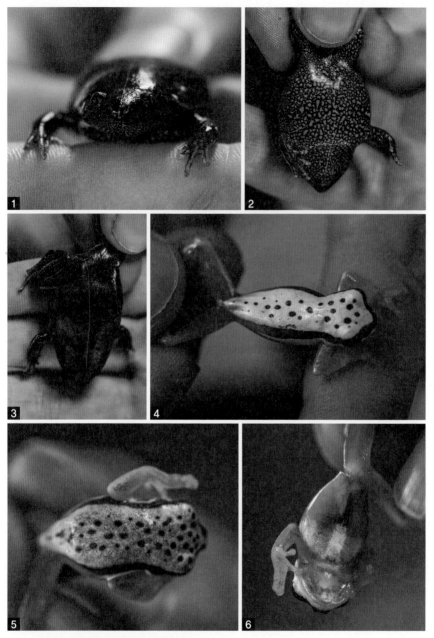

1 알보다 남생이를 닮은 듯한 갈색알개구리

2, 3 갈색알개구리의 배면과 등면의 무늬. 배면의 하얀 자갈 무늬가 인상 깊다.

4, 5 다홍치마나무개구리 등면 무늬의 개체 변이

6 속이 훤히 들여다보이는 다홍치마나무개구리의 배면

색과 카키색을 버무린 듯한 두줄긴코나무개구리(Two-striped snouted tree frog, *Scinax ruber*), 허벅지 안쪽에 까만 얼룩점을 가진 얼룩무늬나무개구리(Stained tree frog, *Hybsiboas maculateralis*), 마지막으로 광대나무개구리까지 총 14마리였다.

이 광대나무개구리라는 녀석은 여러모로 흥미로웠다. 우선 형태학적으로 그랬다. 등은 갈색, 배와 다리는 다홍색을 띠는데, 등과 다리에 밝은 노란색 페인트로 칠한 듯한 무늬가 있다. 그런데 문제는 육안으로 분별할 수 없을 정도로 이와 유사한 종이 여럿 있다는 점이었다. 이렇게 비슷한 종들을 모아 '종 복합체(species complex)'라고 일컫는데, 기초적인 방법으로는 사실상 동정이 불가능하다. 우리는 선행 조사를 통해 이 지역에서 종 복합체 중 약 2~3종이 출현한다는 것을 알고 있었기 때문에 그들로 후보군을 추려 낼 수 있었다. 그리고 물갈퀴의 색이 '빨간색이냐, 주황색이냐'와 같은 미세한 외관 차이와 상대적인 크기 차이, 조금 더 가까운 지역에서 이루어진 비교 연구 등을 바탕으로 일단은 볼리비아광대나무개구리(*Dendropsophus salli*)로 잠정적 결론을 내렸다. 외형상의 차이는 개체 간 변이를 무시할 수 없기 때문에, 사실 이런 경우에 종을 구분하려면 좀 더 면밀한 유전자 분석이 필요하다. 이러한 종을 '잠재종(cryptic species)'이라고 부른다. 첨단 장비와 주의 깊은 준비 과정이 필요한 유전자 분석은, 전기마저도 흔치 않은 이곳 정글 한복판에서는 꿈도 꿀 수 없는 일이었다. 독특한 생김새로 내게 감탄을 불러일으켰지만, 동시에 현장 연구의 한계도 절감케 한 녀석이었다.

하이라이트는 무쑤라나(Common mussurana, *Clelia clelia*)였다. 어제 측정하려다 못한 그 큰 뱀이다. 난생처음 보는 거대한 녀석이었고, 실제로도 측정 결과 몸길이가 약 2m에 육박했다. 길이와 무게를 측정한 후 기생충과 상처 유무도 확인하고, 모든 과정이 마무리되었다. 그리고는 모두의 포토 타임이 이어졌다. 워낙 크고 무거운 데다 휘감는 힘이 상당한 녀석이어

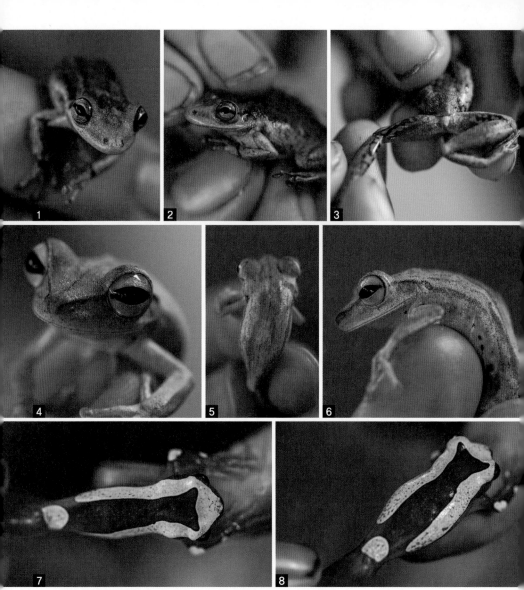

1, 2 두줄긴코나무개구리는 평상시 카키색의 체색을 띠다가 번식기가 되면
밝은 노란색으로 바뀐다. 이렇게 색이 뒤섞인 개체는 과도기에 있는 상태이다.

3 긴코나무개구리(*Scinax* 속)들에서서 자주 보이는 다리의 주황색 반점 무늬

4 얼룩무늬나무개구리의 초롱초롱한 눈망울

5 특별한 무늬 없이 붉은 점이 산재한 얼룩무늬나무개구리의 살구색 등면

6 얼룩무늬나무개구리의 트레이드마크인 몸통 측면의 검은색 얼룩점들

7, 8 광대나무개구리의 등면 무늬. 광대나무개구리에게는 이런 무늬뿐 아니라
기린 무늬가 있기도 하고, 그 둘의 중간 형태를 띠기도 한다.

9 광대나무개구리는 팔꿈치, 무릎 등도 노란색을 띤다.
10 광대나무개구리의 배면을 포함한 다른 부분은 주황색 혹은 다홍색을 띤다.

서 손으로 들고 찍는다는 것은 감히 엄두도 못 낼 일이었고(오직 앰버만이 그 엄두를 내었다), 브린이 꼬리만 붙잡은 채 바닥에서 움직이는 녀석을 사진으로 남겼다. 뱀의 꽁무니에서 그를 조심스레 제어하는 브린에게서 흡사 뱀 조련사의 면모가 풍겨져 나왔다.

오후에는 브린을 따라 라울, 리카르디나와 함께 강 건너로 갔다. 강 건너편의 포유류 선 조사를 위해서였다. 포유류 선 조사는 양서류 조사와 달리 450m를, 더 느린 속도로 진행한다. 강 건너의 이 지역은 페커리(우리나라의 멧돼지와 비슷하다)가 많은 것으로 알려져 있어서 흔히 볼 수 있을 거라고 기대했지만 약 세 시간 동안 발견한 것이라곤 갈색카푸친원숭이(Brown capuchin, *Cebus apella*) 두 마리와 사슴 발자국이 전부였다. 그러나 이외에 우리 캠프 지역에서는 볼 수 없던 다양하고 신기한 무척추동물을 만날 수 있었다. 노란색 다리를 가진 통통한 지네, 달팽이, 꼬리에 동충하초를 달고 있는 듯한 밀랍꼬리매미충 두 마리, 그리고 내 손바닥보다도 큰 타란툴라까지! 확실히 늪지가 많고 더 습한 이쪽 지역은 동물상도 조금 다른 듯 느껴졌다.

강 건너편의 조사는 결코 순탄치 않았다. 이 지역은 우리 쪽의 환경과는

1 다리가 노란 지네 2 비교적 평평한 집을 가진 달팽이
3 지척에서 만난, 내 손바닥보다 커 보이는 타란툴라
4, 5 동충하초로 오인할 뻔했던 밀랍꼬리매미충. 이 곤충이 앉아 있는 가시 돋친 수피도 재미있다.

특성이 조금 달라서, 강우에 의해 훨씬 더 쉽게 범람하였다. 이러한 이유로 조사 경로상 늪지가 많았다. 그렇다고 정해진 조사 경로를 이탈하거나 변경할 수는 없는 노릇. 물이 차 있어도 고무장화만을 믿고 그저 나아가야 했다. 문제는 이 물이 허리 높이까지 차 있다는 사실이었다. 하는 수없이 바지를 온통 흙탕물로 적셔야만 했다. 바지를 적시는 것 자체는 사실 별문제가 아니다. 몸이야 씻으면 그만이고, 바지도 빨면 그만이다. 그러나 왜인지 오늘 아침부터 발에 빨간 반점이 수없이 돋아 있고 무척 간지러웠다. 내 침대에 빈대가 같이 살고 있는 걸까…. 장화 속으로 흘러들어 온 물에 발이 잠기면서 가려움은 한층 심해졌다. 참을 수 없었으나 긁을 수도 없어 정말 미칠 노릇이었다.

더구나 고인 물이 많다는 것은 그만큼 모기들의 번식 환경이 넓다는 의미였다. 우리 캠프 근처와는 비교할 수 없을 정도로 모기가 많았다. 물론, 도시에서 흔히 볼 수 있는 귀여운 모기가 아닌 아마존의 정기를 품은 엄지손가락 크기만한(약간의 과장을 더하자면 그렇다) 모기이다. 도시에서 집모기한테 물리는 느낌이 머리카락으로 피부를 건드리는 정도라면, 이 거대모기한테 물리는 느낌이란 피부를 뚫어 장침을 놓는 것과 같다고 할 수 있다. 물릴 때마다 통각만으로 모기의 위치를 파악할 수 있을 정도이니 말이다. 다만 고통을 느꼈을 때는 이미 한참 동안의 헌혈이 끝난 후였다. 조사가 끝나는 지점에서는 화룡점정 격으로 개미에게도 한 방 당했다. 목덜미가 따끔따끔하기에 손으로 집어내 보니 웬 무시무시하게 생긴 개미가 짓눌려 있었다. 180도로 벌어진 날카로운 턱과 마치 말벌의 침을 연상케 하는 뾰족한 꽁무니를 가진 놈이었다. 목덜미가 욱신욱신하며 화끈거렸다.

이 모든 고통에 대한 진통제는 역시 강이다. 탐보파타강의 수려함은 나의 모든 고역을 달래 주었다. 조사를 끝내고 돌아가는 길에 바라본 노을 지는 강의 모습은 순식간에 내 안을 평안으로 가득 채웠다. 아무런 방해도 받

1 관찰된 포유류를 기록하며 상의 중인 팀원들(왼쪽부터 보니, 라울, 브린, 리카르디나)

2, 3 강 건너편은 습지가 정말 많았다. 왼쪽 사진처럼 물이 발목 높이인 늪은 물론이고, 오른쪽 사진처럼 물이 차 건널 수 없는 늪도 흔했다.

지 않고 변화 없이, 평화롭게, 유유히 흘러만 가는 강에는 한낱 미미한 존재일 뿐인 내가 알 수 없는 자연의 힘이 있다. 너무나 아름답다. 언제라도 걸리고 싶은 안도의 최면이다.

　저녁을 먹고 바로 잠자리로 향했다. 내일은 새벽부터 조류 팀을 따라나서야 한다. 발전기는 다시 고장이 난 모양이었다. 당분간 밤에 불이 들어오지 않을 거란다. 또 전기 부족이라니, 정말 큰 문제다. 수억 살 열대우림보다, 백 년 남짓한 발전기의 나이가 더 무겁게 느껴진다. 오랜 시간 축적된 진화의 힘으로도, 짧은 기간 폭발한 문명의 힘을 뛰어넘을 재간이 내겐 없는 걸까. 원시의 자연 속에서도 나는 어쩔 수 없는 현대인인가 보다.

버드 밴딩

새벽 5시에 일어나 조류 팀을 따라나섰다. 아침 댓바람부터 활동을 시작하는 조류의 생활 패턴상 그들을 찾기 위해서는 우리의 생활 패턴을 그들에게 맞추는 수밖에 없다. 먼저 미리 설치해 접어 두었던 미스트 넷*을 펼치는 것으로 본격적인 조사에 착수했다. 미스트 넷은 서로 떨어진 두 구역에 세 개씩 설치되어 있어 라울이 한 구역을 맡고 신디아와 내가 다른 한쪽을 맡았다. 그리고 그 중간에 있는 공터에 판초를 돗자리 삼아 깔고 측정과 관찰을 위한 작업 공간을 꾸렸다. 새들이 그물에 걸려들기를 기다리는 동안, 캠프에서 미리 싸 온 도시락으로 아침을 때웠다. 이른 새벽부터 일정을 시작하는 탓에 리타 아주머니도 동트기 전부터 일어나 우리의 도시락을 싸야 했다. 양도 어찌나 후하게 싸 주셨는지 들고 오기가 너무 무거워 중간에 쉬어야 할 정도였다.

* 미스트 넷(mist net)
   날아다니는 조류를 포획하기 위해 설치하는 미세한 그물을 말한다.

이후에는 포획과 동정, 그리고 측정, 관찰의 연속이었다. 한 시간 단위로 두 미스트 넷을 확인하여 포획된 새는 작업 공간으로 데려와 동정한 뒤, 무게와 부리 길이, 부리 두께, 다리 두께 등을 측정했다. 측정한 두께에 따라 알맞은 가락지(band)를 다리에 끼우는 과정인 버드 밴딩(bird banding)을 했다. 마지막으로 깃털 상태, 나이와 성별, 진드기 유무 등을 관찰해 판별했다. 이 가락지는 각기 다른 고유 번호가 적혀 있어, 이 개체가 재포획될 때 동일 개체로 인식할 수 있게 해주고, 개체군 크기나 이동 거리 등을 파악하는 데에 큰 도움이 될 것이다. 조사를 마친 개체는 그 자리에서 날려 보냈다. 아무래도 나는 조류의 조사 방법은 익숙지 않았기 때문에 주로 측정치 기록을 도왔는데, 새를 안정적으로 다루고 날려 보내는 법만은 직접 배워서 해 보기도 했다. 그렇게 우리는 거의 다섯 시간 동안 멋쟁이나무발바리(Elegant woodcreeper, *Xiphorhynchus elegans*), 황록댕기딱새(Olive tufted flycatcher, *Mitrephanes olivaceus*) 등 총 7종, 10마리의 새를 잡아다 가락지를 걸었다.

1 미스트 넷에 걸린 새 2 새의 날개짓에 얇은 그물망이 더 쉽게 뒤엉키기 때문에, 새를 빼낼 때는 조심스러운 손놀림이 요구된다.

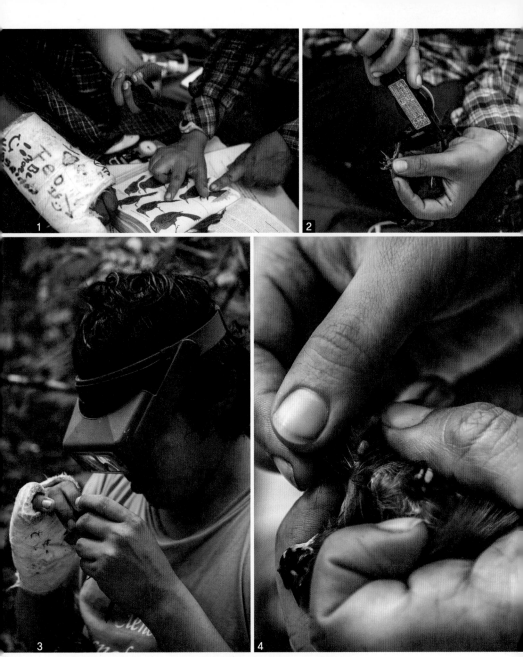

1 미스트 넷에서 새를 빼낸 뒤, 잡힌 개체의 동정 키(key)를 확인하고 도감을 통해 정확한 종을 확인한다. 2 부착할 가락지의 굵기를 정하기 위해 새의 다리 굵기를 재는 모습 3 포획된 새의 건강 상태를 꼼꼼히 체크한다. 특수한 돋보기 안경을 이용해 내부 깃털들도 확인한다. 4 깃털이 많은 새의 몸에는 진드기가 몰래 붙어 있는 경우도 많다.

5 날개 구조를 확인하고, 깃털 개수를 세기도 한다. 6 모든 측정과 확인이 끝나면 다리에 고유한 가락지를 부착한다. 가락지는 나중에 이 개체가 다시 잡혔을 때 의미 있는 정보가 될 것이다. 7, 8 신디아에게 새를 안정적으로 다루거나 잡는 방법을 배웠다. 익힌 방법을 실습할 겸 직접 자연에 되돌려보내기도 했다.

    사실 이보다 더 흥미로운 관찰은 따로 있었다. 접혀 있던 미스트 넷을 다시 펼치던 중에 오늘의 첫 번째 주인공을 만났다. 미스트 넷의 그물망이 워낙 미세하다 보니 펼치기에 애를 먹고 있었는데, 등 뒤로 무언가 떨어지는 소리가 끊이지 않았다. 궁금함보다도 내 뒤통수의 안전이 걱정되어 뒤를 돌아보았는데 근처의 나무 위에서 거대한 마카우(금강앵무)가 어떤 열매를 먹고 있는 게 아닌가. 곧 예상치 못한 화려함이 내 시야를 잡아끌었다. 마카우 중에서도 가장 눈부시다는 스칼렛마카우(Scarlet macaw, *Ara macao*, 우리말로는 '다홍금강앵무' 정도가 되겠다)였다. 선명한 빨강, 노랑, 초록, 파랑의 조화. 그야말로 자연이 빚어낸 진화의 신비였다. 넋을 놓고 바라볼 수밖에 없었다. 아마존 열대우림에 분명 마카우가 존재한다는 사실은 알고 있었지만 이렇게 가까이에서, 이렇게 아름다운 종을 만난 일은 천운이었다. 생애 첫 만남이라 더더욱 반가웠다.

두 번째 주인공은 총알개미(Bullet ant, *Paraponera clavata*)였다. 요 며칠 그토록 찾아 헤맸는데 드디어 만날 수 있었다. 야간 조사 중에 총알개미를 만난 적은 많았지만 너무 어두운 데다, 매번 카메라를 지니고 있지는 않았기 때문에 사진으로 남길 수가 없던 터였다. 다른 개미들에 비해 확연히 큰 몸집과 위압감 넘치는 큰 턱이 흥미로워 꼭 사진으로 남기고 싶었던 녀석이다. 얼떨결에 이렇게 버킷리스트를 하나 채웠다.

마지막으로, 오늘의 최대 '신스틸러'는 아르마딜로였다. 미스트 넷에서 포획을 한차례 마치고 작업 공간으로 돌아오자, 아주 가까이에서 '두두두두' 하며 무언가 내달리는 소리가 났다. 낯설고 꺼림칙한 소리에 신디아와 내가 동시에 고개를 돌렸는데…. 우리가 만난 것은 세 마리의 아르마딜로

● 두껍고 거대한 턱이 있는 총알개미

● 나중에 알고 보니 이 녀석의 이름은 아홉띠아르마딜로(Nine-banded armadillo, Dasypus novemcinctus)였다.

가족이었다! 그들은 우당탕거리며 쉴 새 없이 주변을 돌아다니고 있었다. 아마도 우리 작업 공간 바로 옆에 있던 굴이 그들의 집인 것 같았다. 출입구가 여럿인 듯 보이는 이 굴은 땅 밑으로 다 연결이 되어 있는지, 그들은 이쪽으로 들어갔다가도 저쪽으로 되나오곤 했다. 우리 모두 말로만 듣다 처음 보는 아르마딜로였을 뿐만 아니라 이들이 쉬지 않고 드나들기를 반복해서 도저히 눈을 뗄 수가 없었다. 변덕이 심한 건지 밀고 당기기를 하는 건지 우리와 숨바꼭질을 해대니 그 귀여운 녀석들을 어떻게 외면할 수 있겠는가. 오락실 두더지처럼 뿅망치로 꿀밤을 놔줄 수는 없는 노릇이고 대신 카메라에 담을 뿐이었다. 더구나 인간인 우리를 크게 꺼려하지도 않아서 아주 가까이에서도 사진을 찍을 수 있었다. 손 내밀면 닿을 듯한 거리였다.

점심식사 시간이 되었을 즈음 캠프로 돌아와서 브린에게 이 얘기를 해주었다. 브린은 눈이 휘둥그레지면서 절대 믿을 수 없다며 장난치지 말라고 손사래를 쳐댔다. 아르마딜로는 완전한 야행성이라서 이렇게 환한 대낮에는 모습을 드러낼 리가 없다는 것이었다. 그러나 어쩌겠는가, 증인이 세 명이나 있었던 것을. 그는 우리더러 굉장히 희귀한 경험을 했다며 부러워했다.

어젯밤에는 발이 너무 간지러워서 깊은 잠을 이루지 못했다. 새벽에 깨어나서 한참을 긁다가 다시 잠들기도 했다. 신디아한테 이 얘기를 하니까 자기도 정글에 처음 발을 들였을 때 그런 적이 있다며 벼룩(flea)이거나 열대벼룩(chigger)일 거란다. 그러더니 혹시 고양이들이 침대에 자주 올라앉지 않느냐며 내게 되물었다. 그랬다. 고양이들은 내 침대를 유독 좋아한다. 아침에 일어나면 고양이 세 녀석이 예외 없이 내 발 근처에 있는 경우가 많았다. 그런 녀석들을 나는 아무것도 모른 채 그저 '예뻐라' 하고 있었다. 나와 신디아의 얘기를 듣더니 이곳에서 잔뼈가 굵은 앰버도 거들었다. 벼룩이나 열대벼룩보다도 일개미일 것 같다고 하면서도 여전히 털 많은 고양이들이 원인일 것이란다. 점심을 먹고는 침대부터 갈아엎었다. 허연 고양이 털로 뒤덮인 침대 시트와 이불을 바꾸고, 모기장은 아예 매트리스 밑으로 밀어 넣어 작은 틈새까지 완벽히 없애 버렸다. 혹여나 미세한 침입자들이 남아 있을 새라, 모기장과 침대 구석구석에 소독용 알코올까지 축축하게 뿌려댔다.

그리고 발에는 내가 가지고 있던 항곰팡이크림, 항히스타민크림, 피부질환크림, 세 종류의 피부 연고를 모두 발랐다. 당분간 바지도 양말 속으로 넣고 다녀야겠다. 모기에 물리는 것만으로도 벅찬데 이건 정말 너무 가려워서 미쳐버릴 만큼 고통스럽다. 빨리 낫기만을 바랄 뿐이었다. 아, 어쩐지 침대 머리맡에 둔 트렁크 속에도 개미들이 기어 다녔다. 그큰 짐 가방을 옮겨서 속에 있는 개미들도 없앨 겸, 아예 짐 정리도 새로 했다. 이래봐야 얼마나 갈지는 모르겠지만 못해도 수십 마리는 빼내었을 것이다.

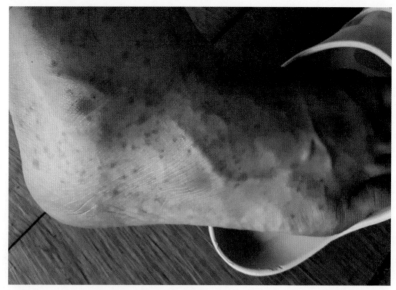

● 양쪽 발등과 발목 전체가 붉은 반점으로 뒤덮였다.

부엌에서는 마루 공사가 한창이었다. 어제부터 우리 캠프에 텐트를 치고 같이 지내는 에리(치키 아저씨의 양아들)가 홀로 공사를 시작했다. 두꺼운 나무 받침대를 잘라 내는 전기톱의 드릴 소리와 서걱서걱 나무판자를 써는 톱질 소리가 허공을 가득 채웠다. 혼자 하는 작업이 너무 고될 것 같아서 에리에게 힘들지 않은지 물어보았더니, 돌아온 그의 답이 인상적이었다. 좋은 운동이라며 즐겁게 하고 있다는 것이다. 우리는 화장실이 막혀도, 샤워기 헤드가 떨어져도 자발적으로 책임감을 발휘하는 사람이 없었는데, 그는 달랐다. 큰 비로 매번 물이 들어차는 부엌을 개선해 주겠다며 스스로 고생하는 그에게 너무 고마운 마음이 들었다.

오늘 저녁도 캠프에는 불이 들어오지 않는다. 식탁 위에 촛불을 밝히고, 각자 헤드랜턴을 켜서 저녁을 먹었다. 그러다 문득 무슨 바람이 분 것일까, 약속이나 한 듯 다 같이 고개를 들어 하늘을 올려다봤다. 무심결에 바라본 정글의 밤하늘은 반짝이는 별들로 가득했다. 그동안 미처 발견하지 못한 정글의 찬연한 이면이었다.

새로운 동료를 맞이하다

정글은 무수한 나무의 증산작용 때문인지 비가 잦다(아니, 반대로 그렇기 때문에 나무가 많은 것인지도 모르겠다). 화창하다가도 갑작스레 비가 오고, 곧 그치기를 반복한다. 비는 조사를 방해하긴 하지만, 성가신 벌레들을 잠재우고 무엇보다 더위를 식혀 주어 때론 반갑다. 어젯밤은 가려움이 아닌 더위 때문에 잠을 설쳤다. 가려움을 예방하고자 긴팔에 긴바지를 입고, 양말 속에 바지를 넣은 뒤 침대에 누웠더니, 더위를 못 이겨 곧 반팔, 반바지로 갈아입고 맨발로 겨우 잠들 수 있었다. 굵은 빗줄기가 그리웠다.

라울과 리카르디나, 신디아는 도시로 나갔다. 그들을 배웅한 후, 나는 오전에 바이퍼 폴스 트랩을 확인하고 돌아왔다. 처음으로 나 혼자 그곳을 다녀온 것이었다. 바이퍼 폴스로 향하는 악랄한 급경사를 네 발로 기어오르며 힘겹게 도착했으나 트랩 안에 있는 것이라곤 지네와 풍뎅이가 전부였다. 내심 허망함이 느껴졌지만 내 맘대로 되지 않는 것이 또한 자연임을 미약한 내가 어찌하랴. 다음을 기약하며 캠프로 돌아올 수밖에 없었다.

캠프에서는 이미 나를 제외한 셋이 측정을 하고 있었다. 투구머리나무개구리(Casque-headed tree frog, *Hemiphractus scutatus*)와 점박이나무개구리(Mapped tree frog, *Hypsiboas geographicus*)가 그 대상이었다. 정말 투구를 쓴 것만 같은 투구머리나무개구리의 각진 머리, 누군가는 지도를 그려 놓은 것 같다던 점박이나무개구리의 점무늬. 볼 때마다 느끼지만 아마존의 생물은 글자 그대로 '진기'하다. 어떻게 이런 모습을 가지게 되었는지, 어떻게 종마다 그리 다채로운지 매번 자연의 신비를 마주하게 된다. 그 경이로움은 말과 글로는 다 표현할 수가 없다.

측정을 마칠 때쯤, 비가 쏟아졌다. 어젯밤에는 그토록 기다려도 오지 않던 비가, 이때를 기다린 듯 쏟아졌다. 때마침 새로운 인턴 둘과 식물 팀의 리더가 캠프에 도착했다. 아일랜드에서 온 카라, 호주에서 온 아비, 간헐적

1 위에서 바라 본 투구머리나무개구리 2, 3 뿔이 돋아 오른 투구머리나무개구리의 눈매.
'나무'개구리라는 이름에도 불구하고 땅에서 생활하는 점이 재미있다. 잘 뛰지도 못해서
기어 다니곤 하는데, 낙엽 사이에 감쪽같이 섞여 들어 곧 시야에서 놓치기 일쑤다.

1 눈꺼풀을 덮고 여태 숙면을 취하는 점박이나무개구리
2,3 점박이나무개구리와 얼룩무늬나무개구리는 몸 옆면에 점무늬가 있다는 점에서
비슷해 보이지만(열째 날 일기 참고) 점박이나무개구리의 경우 배면에도 점무늬가 있다.
몸통의 옆면과 다리에도 이 녀석의 트레이드마크 점무늬가 더 뚜렷하다.

으로 식물 조사를 맡으면서 강 건너 숲의 주인이기도 한 나탈리다. 그들과
함께 한동안 먹고 마실 식량과 생필품도 도착했다. 선착장부터 캠프까지
이 모든 것을 별수 없이 몸으로 날라야 했다. 생수, 가스, 밀가루 포대, 과일
박스 같은 것들은 꽤 무거워서 오랜만에 운동을 하는 듯 몸에 무리가 올 정
도였다. 그래도 한바탕 '배달 운동' 끝에는 시원한 레모네이드가 기다리고
있었다. 정글에 들어와서는 처음 먹는 시원한 음료였다. 덕분에 더위와 피
로를 동시에 해결했다.

그렇게 몸 쓸 일이 끝난 줄만 알았더니 바로 다시 보트에 올라야 했다.
우리가 이곳에 들어올 때 처음 보트에 오르던 선착장, '필라델피아'로 향하
기 위해서였다. 조만간 '16인의 거대 군집'이 도착할 예정이라며 새로 이층
침대를 들여놔야 한단다. 곧 닥칠 몸 고생에 대한 걱정과 근심을 한가득 가

지고 필라델피아에 닿았다. 다행히 당장에는 조립형 이층 침대와 매트리스 하나씩만을 나르면 되었다. 나머지는 나탈리의 식물들, 강 건너의 숲에 생활공간을 꾸리기 위한 배관 같은 것이었다. 문제는 갑자기 또 퍼붓기 시작한 비였다. 필라델피아든, 우리 쪽 숲으로 들어가는 입구든, 계단이라고는 그저 흙으로 모양을 잡아 놓은 것이 고작이다. 그래서 비가 오기 시작하면 그것은 이미 계단이 아니라 워터슬라이드가 된다. 그 미끄러운 곳을 짐을 이고 오르내리려니 위험하고도 힘들었다. 한 발짝, 한 발짝에 온 신경을 쏟으며 짐을 옮겼다. 그래도 어디서 나타났는지, 보리스와 앨라드(치키 아저씨의 아들이자 나탈리의 남편)가 도와주어서 그나마 수월했다.

다시 보트에 올라 강에 몸을 맡겼다. 유유히 흐르는 강물과 뺨을 스치는 산들바람은 언제 느껴도 좋았다. 나탈리가 가져온 레몬그라스 잎 하나를 뜯어 코에 갖다 대자 상큼한 향이 났다. 눈과, 귀와, 코가 모두 평온해졌다. 잠시 사색에 잠겨 보고, '새로 올 열여섯 명은 어디서 자야 할까?' 하는 내 몫이 아닌 걱정도 해 봤다. 누군가 우스갯소리로 한 말처럼 정말 숲속에서 텐트를 치고 자야 하는 것은 아닌지, 그리 넓지 않은 캠프가 괜히 불안하다.

돌아와서는 브린이 새로 잡아 온 무쑤라나를 측정했다. 이 녀석은 253cm로 저번 개체보다 약 50cm가 더 컸는데, 이만큼 큰 뱀도 사람이 무서운지 마룻바닥에 배설물을 휘갈겼다. 새로 온 카라와 아비에게는 이 정글이 시작부터 강렬하게(다양한 의미로) 각인되었을 것이다. 이번에는 핏태그*도 삽입했다. 브린은 저번처럼 뱀 조련사의 면모를 보였다. 원하는 사람은 사진을 찍으라며 꼬리만 잡고 있었다. 재밌는 것은 이렇게 커다란 뱀이 자

---

* 핏태그(PIT-tag, passive integrated transponder-tag)
  우리말로는 수동적 집적 자동 응답기라고 한다. 생물체 내에 삽입하여 재포획시 이동 경로를 추적할 수 있는 인식 장치이다.

1 2~3m 정도의 무쑤라나처럼 큰 뱀을 측정할 때도 실을 이용해 몸길이만큼을 짚어 내고
그 실의 길이를 잰다. 새에 쪼인 상처나 몸에 붙어 있는 진드기는 없는지와 건강 상태도 확인한다.
2 전문가다운 스킬로 무쑤라나의 꼬리를 붙잡고 통제하는 브린
3 큰 뱀이다 보니 휘감는 힘도 상당했다. 독이 없는 종이어서 먹이를 제압할 때도 이처럼 몸통으로 휘감는다.

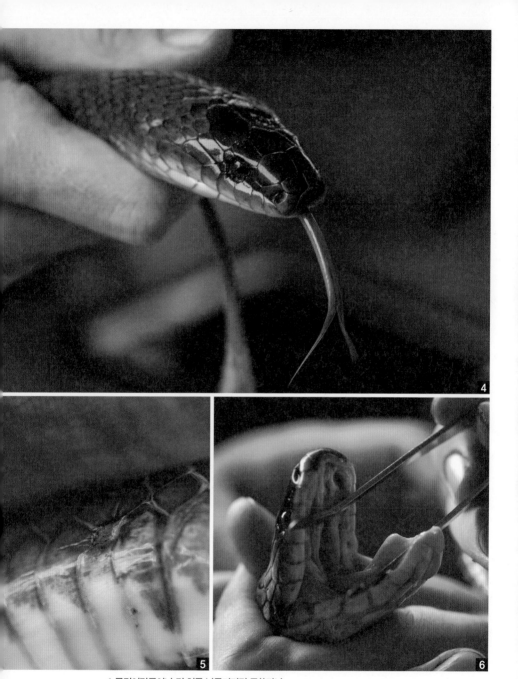

4 몸길이만큼이나 긴 혀를 날름거리던 무쑤라나
5 새에 쪼인 상처
6 굉장히 큰 송곳니도 확인했다.

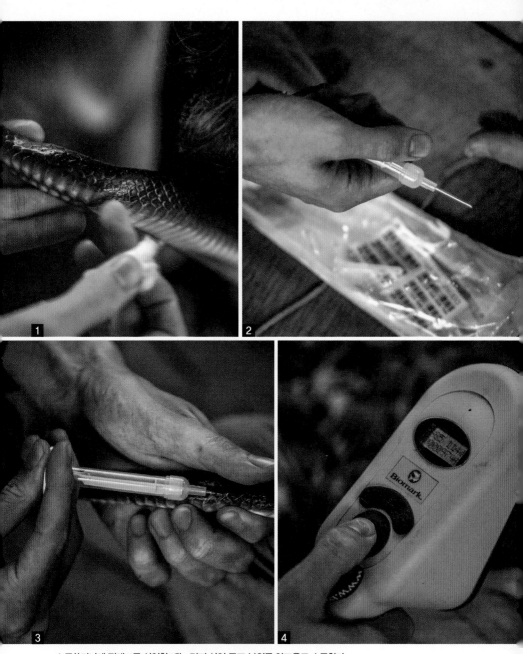

1 무쑤라나에 핏태그를 삽입할 때는 먼저 삽입 목표 부위를 알코올로 소독한다.
2 핏태그 전용 주사기에 태그를 충전한다. 이 태그에는 고유 번호를 부여한다.
3 소독한 부위에 주사기를 찔러 넣어 태그를 삽입한다.
4 삽입된 태그가 정상 작동하는지 수신기를 통해 확인하면 모든 과정이 끝난다.

신을 놓아주지 않는 인간을 결코 먼저 나서서 공격하지 않는다. 그저 인간을 벗어나 도망가기 위해 어떻게든 앞으로 나아가려 노력할 뿐이다.

오후에는 너클 헤드 핏폴트랩을 확인하러 나섰다. 오후 5시가 조금 안 된 시각이었다. 슬금슬금 노을빛을 발하기 시작하는 태양이 신경 쓰이긴 했지만, 트랩 확인이야 금세 끝날 것이라는 짧은 생각으로 걸음을 재촉했다. 그러나 숲에 들어와서 보니 이건 정말 안이한 결정이었다. 헤드랜턴을 가지고 왔어야 했다. 열린 공간인 캠프 주변은 여태 밝았어도, 우거진 수관으로 겹겹이 둘러싸인 밀림 속은 달랐다. 이미 어두워서 깊숙한 트랩 안을 제대로 확인할 수가 없었다. 어린 갈기숲두꺼비 하나를 겨우, 그것도 움직임 덕분에 찾아냈을 뿐이었다. 더군다나 비가 많이 온 오늘은 구름도 끼고 날이 흐렸다. 강렬한 노을빛도 구름과 수관을 모두 뚫어 낼 수는 없었다. 그렇게 밀림의 또 다른 모습을 배웠다.

카라는 바로 첫 밤 조사를 따라나섰다. 나, 브린과 함께 선 조사 두 개를 마쳤다. 오늘 조사에서는 그리 인상적인 순간이 많지 않았다. 조사 중에 내가 녹갈색의 작은 개구리 하나를 찾았고, 조사 후 돌아오는 길가의 웅덩이에서 카라가 개구리 한 마리를 찾았으나 곧 놓치고 말았다. 그동안 브린은 같은 곳에서 무딘머리나무뱀을 채집했다. 숙소에 거의 도착해서는 숙소 근처의 산란지에서 내가 다홍치마나무개구리 한 마리를 추가했다. 하긴, 카라에겐 오늘이 첫 조사였던 것을 생각하면 그다지 나쁘지만은 않은 소득이었다.

한가로운 일요일

아침부터 치키 아저씨가 뱀을 잡아다 줬다. 치명적이진 않지만 그래도 독을 지닌 줄무늬남미물뱀이었는데 아무렇지도 않은 듯 유리병에 담아 왔다. 뱀이고 애벌레고 무슨 동물이든 잡아먹는 치키 아저씨는, 야생을 다루는 데에 있어서만큼은 우리 같은 연구자들보다도 한참을 앞선 것만 같다. 줄무늬남미물뱀과 함께 어제 잡아 온 무딘머리나무뱀과 다홍치마나무개구리, 노란발가락나무개구리(Yellow-toed tree frog, *Dendropshphus leali*), 미기록 종 한 마리도 측정을 끝냈다. 미기록 종은 아직 확실치 않지만 어린 라이클도둑개구리(Reichle's robber frog, *Pristimantis reichlei*)인 것으로 추정된다. 어젯밤에는 분명 밝은 초록색이었는데 오늘 아침이 되니 어두운 갈색으로 색을 바꿔서 동정이 더 어려웠다. 다시 색이 바뀌면 다시 확인하기로 했다.

무쿠와 함께 이 녀석을 동정하느라 여러 필드 가이드북을 뒤지며 애를 먹었는데, 그 김에 무쿠에게 간단한 속 판별법을 배웠다. 먼저 긴발가락개구리과는 발가락이 가늘고 길면서 앞발의 몸쪽 첫 번째 발가락이 두 번째

1, 2 노란발가락나무개구리의 샛노란 발가락 끝판이 눈에 들어온다.
3, 4 손톱만한 크기의 어린 라이클도둑개구리. 진녹색 체색은 변이가 크다.
배면의 지저분해 보이는 무늬는 동정을 위한 한 가지 포인트가 될 수 있다.

1 두 번째 발가락보다 긴 긴발가락개구리과 앞발의 몸쪽 첫 번째 발가락

2 도둑개구리속의 뭉툭한, 혹은 역삼각형 모양의 발가락판

3 나무개구리과의 둥근 발가락판

4 눈에 잘 띄었던 긴발가락개구리과의 유독 기다란 뒷발의 바깥쪽 두 번째 발가락

발가락보다 긴 것이 특징이다. 뒷발의 바깥쪽 두 번째 발가락이 유난히 긴 것도 눈에 띄었다. 다음으로 나무개구리과(Hylidae)는 발가락 끝의 둥근 흡판, 도둑개구리속(*Pristimantis*)은 뭉툭한, 혹은 역삼각형의 흡판이 동정의 키포인트다. 마지막으로 독개구리과(Dendrobatidae)는 특이하게도 흡판에 두 개의 점이 있다는데 나는 아직 보지 못한 것이었다.

　카라와 아비, 새로 온 둘은 어느새 이곳에 녹아들었는지 대화에 적극적이었다. 오히려 그들이 분위기를 이끌어 나가기도 했다. 둘은 그만큼 적응이 빨랐다. 어쩌면 서양인 특유의 친화력인지도 모르겠다. 아니, 어쩌면 그들이 완벽한 정글 체질인지도. 나도 그리 낯을 가리는 편은 아닌데, 그렇다고 이렇게나 빨리 대화를 주도하지는 못할 것 같다. 확실히 카라와 아비가 온 이후 우리의 대화가 훨씬 열띠고 길어졌다. 주제도 다양해져서, 어제는 스코틀랜드의 앰버, 웨일스의 브린, 아일랜드의 카라, 호주의 아비가 각 지역에서 쓰는 영어의 차이에 대해 끊임없는 담론을 나누더니, 오늘은 동물학을 전공한 카라, 식물학을 전공한 아비 덕에 곤충과 식물의 분류학에 대해 논했다. 나도 언젠가 어렴풋이 배웠던 기억을 되살려 가며 흥미롭게 대화를 이어갔다. 마침 캠프 마당의 꽃에 까만 벌새가 찾아왔다. 가까이서 보고 싶어 살금살금 다가가 보았지만 역시나 날쌘 벌새는 나를 눈치챈 것인지, 이미 볼일을 끝낸 것인지 금세 날아가 버렸다. 벌새에 이어 이번에는 마카우가 머리 위로 날아갔다. 내 앞을 지나가며 요란하게 재잘거리는 바람에, 그동안 수없이 듣던 재잘거림의 주인공이 마카우였다는 것을 깨달았다. 그 귀티 나는 외모로 이렇게나 경박하게 까불어대다니, 상당히 충격적인 반전이었다. 서로 무슨 대화를 그렇게 나누는지 종종 부산하게 와글대는 소리가 들려왔다. 어딘가 캠프 가까이에 둥지를 튼 것이 틀림없었다.

오늘은 일요일이어서 특별한 일정이 없었다. 딱히 할 일이 없으니 집 생각, 사람 생각이 더 절실해졌다. '내가 해먹에 누워 있는 지금, 한국의 지인들은 침대에 누워, 우리는 서로 우주의 반대편을 바라보고 있겠구나'라며 그들과의 먼 거리를 생각했다. 생각에 지칠 때쯤, 스페인어권에 머무르는 만큼 이제는 정말 스페인어 공부를 해 보자며 큰마음을 먹고 책도 펼쳐 보았다. 내겐 외국어인 영어로 또 다른 외국어인 스페인어를 배워 보려니 마음처럼 쉽지만은 않은 점이 문제였다.

원래도 어느 정도 동질감이 있었지만 오늘은 무쿠와 한결 더 가까워진 느낌이다. 저녁식사 중 나누는 대화 주제 대부분이 서양의 단것들에 대한 것이다 보니 무쿠와 나는 영 섞이지를 못했는데, 다행히 우리는 '모찌'와 '찹쌀떡'이라는 접점을 찾아 함께 아시아를 대표했다. 저녁식사가 끝나고도 동물을 자연으로 돌려보내는 기분 좋은 여정을 같이 했다. 어제 측정했던 투구머리나무개구리도 오늘 풀어 주었다. 낙엽 위에 녀석을 놓아주니 한눈에 다시 찾기가 어려울 만치 탁월한 위장술을 부리는 것이 신기하기만 했다. 엄청 희귀한 녀석이라며 무쿠가 하도 강조해서 사진도 여러 장 찍었다.

희귀한 것은 둘째 치고, 정말 투구를 쓴 듯한 머리가 기묘하긴 참 기묘했다.

모든 동물을 제 집으로 돌려보내고 우리도 곧 캠프로 복귀했다. 잠들기까지는 아직 시간이 많이 남아 있었지만 전기가 없으니 딱히 할 것도 없었다. 발전기는 언제쯤에야 돌아오는 건지…. 노트북만 쓸 수 있다면 할 수 있는 것도 많을 텐데. 그저 일찍 침대에 드는 것 외에는 별 도리가 없었다. 전기를 잃은 이 상황 또한 정글에서의 삶이다.

● 자연 속에서 찍은 투구머리나무개구리. 이렇게 보니 확실히 낙엽을 닮았다.

첫 번째 생존 신고

브린과 카라는 새벽부터 포유류 선 조사를 나갔다. 나, 앰버, 무쿠 셋이서 아침을 먹고 있던 때였다. 머뭇머뭇하더니 무쿠가 조용한 말소리로 정적을 깨뜨렸다. 나와 앰버는 곧 기겁을 하지 않을 수 없었다. 무쿠가 어젯밤 부시마스터를 봤다는 것이었다! 심지어 그냥 본 것도 아니고 코앞에서 거의 밟을 뻔했단다. 이 치명적인 놈 역시 금방이라도 달려들 듯 공격 태세를 취하고 있었다며 우리에게 사진까지 들이밀었다. 앰버가 왜 위험하게 그밤에 혼자 나갔느냐고 질책 아닌 질책을 해댔다. 무쿠는 그저 본인의 프로젝트 때문에 잠시 가까운 곳을 확인하러 갔던 것인데, 하필이면 부시마스터가 캠프 근처, 우리가 자주 이용하는 길 한 편에 자리를 잡고 있던 게 문제였다. 부시마스터는 자신의 세력권을 설정하면 그곳을 고수하는 성향이 있기 때문에 캠프 근처에 이놈이 나타났다는 것은 계속 그 주변에 머물고 있을 것이라는 의미이기도 했다. 치명적인 독사 부시마스터는 강력한 혈액독(hemotoxin)을 뿜어 물린 대상의 혈액을 금세 젤리처럼 응고시킨다. 한번 물리면 치사에 이를 수도 있는 어마어마한 녀석이다. 부시마스터는 아나콘

● 어젯밤 무쿠가 발견한 부시마스터. 똬리를 튼 모습이 위협적이다. 다행히 부시마스터는 무쿠를 쳐다보지 않는다. 만에 하나 쳐다보는 부시마스터에게 플래시를 터트렸다면 바로 용수철처럼 달려들었을 것이다. (Photo by Tsjino Muku)

다가 흔치 않은 대부분의 아마존 지역에서 실질적인 일인자이기에 결코 무시할 수가 없다(아나콘다는 어마어마한 크기로 잘 알려져 있지만, 사실 개체 수는 그리 많지 않다. 게다가 거의 수중을 벗어나지 않기 때문에 발견하기는 더더욱 어렵다). 더군다나 우리 캠프에서는 현지인 가족들이 그 길을 오가며 일을 하기도 하고, 어린아이들도 같이 생활하기 때문에 각별한 주의가 필요하다. 마침 근처에 있던 리타 아주머니에게 이 사실을 곧바로 알렸다.

　웬일인지 라울이 도감을 두고 시내로 나갔다. 그 틈에 라울이 들고 다니던『페루의 새』도감을 펼쳐 봤다. 언젠가 읽어 볼 요량으로 단단히 눈독을 들이고 있던 차였다. 벽돌만한 두께로 분량도 많거니와 깨알 같은 글씨로 쓰인 설명을 다 읽어 보기는 힘들어서 새 그림들만 훅훅 넘겨 봤다. 예상은 했지만, 페루에는 그 유명한 금강앵무(Macaw), 왕부리새(Toucan) 외에도 트로곤(Trogon), 오색조(Barbet), 휘파람새(Tanager) 등 알록달록한 색동옷을 뽐내는 새가 참 많다.

내가 도감 속 새들의 아름다움에 감탄하고 있는 사이 어느덧 브린과 카라가 포유류 조사를 마치고 돌아왔다. 수거해 온 무인 카메라 영상을 보고 있기에 나도 얼른 끼어들었다. 무엇이 들어 있을지 모르는 선물 상자를 여는 기분이었다. 이제는 슬슬 식상해지는 아구티 영상이 하염없이 계속되었다. 그러다 모두가 지칠 때쯤 큰개미핥기가 카메라에 나타났다! 큰개미핥기의 우아하고도 위엄 있는 갈기 꼬리가 우리 모두의 마음을 뒤흔들었다. 그러나 이것으로 끝이 아니었다. 이어진 영상에서는 재규어도 등장하는 것이 아닌가! 브린이 포유류 조사를 맡은 뒤로는 저번 조사 지역과 이번 지역을 통틀어 처음 찍힌 재규어란다. 이 무인 카메라가 설치된 길 자체의 이름 역시 재규어 트레일인 것은 그저 우연의 일치일까(트레일 이름에 특별한 의미는 없지만)? 신기하고도 재미난 우연이 아닐 수 없다. 재규어가 카메라에 포착된 후 얼마 안 있어 우리 팀도 카메라에 나타났다. 하마터면 맞닥뜨릴 수도 있었을 만큼 간발의 차였다. 이는 재규어가 우리와 비슷한 시간에, 우리의 영역 내에서 활동한다는 의미이기도 했다. 어쨌든 직접 눈앞에서 보는 것은 아닐지언정, 두 눈으로 재규어 실체를 확인하는 것은 분명 굉장한 흥분을 불러일으키는 경험이었다.

낮에는 한바탕 큰 비가 지나간 후 브린, 앰버, 무쿠, 나, 카라 모두가 방형구 조사 두 개를 하였으나 별 소득 없이 조사 구역만 무자비하게 파괴하고 말았다. 두 번째 구역은 중간에 작은 개울이 흐르는 습한 곳이라 더 기대가 되었는데 마음만 앞섰나 보다. 마지막에 앰버가 도마뱀을 하나 찾았다가 놓친 게 전부였다. 방형구 조사 자체가 워낙 과격하게 진행되다 보니 이정도의 자연 교란은 불가피한 결과지만, 이럴 때면 괜스레 자연에 미안한

1 조사를 나갔다가 만난 비단 청록색의 노린재 한 마리 **2** 숨은 메뚜기 찾기!

마음이 든다. 너무 과도하거나 너무 미약하지 않은, 어느 정도 수준의 교란은 오히려 생물다양성을 높이는 데에 유리하다는 '중간교란가설'을 괜히 상기시키며 열심히 정글도를 휘두른 스스로를 합리화해 본다.

 조사를 마치고 돌아와서 휴대폰 신호를 확인하러 강변으로 나가 봤다. 이전에는 갑자기 굵어지는 빗줄기에 애석하게도 다음을 기약해야 했다. 이제는 비도 그쳤고 정말 신호가 잡혔다. '드디어 한국의 사람들에게 나의 생존을 알릴 수 있겠구나' 하는 안도의 한숨이 절로 나왔다. 그러나 신호가 아주 미약해서 겨우겨우 잡혔다 말았다 하느라, 휴대폰을 들었다 내렸다 꽤 긴 시간을 씨름해야 했다. 고작 몇 분의 짧은 시간이었지만 마침내 잡아낸

한 가닥의 신호 덕에 가족과 친구들에게 무사히 연락을 보냈다. 비록 단 한 통 밖에 보내지 못했지만, 연락이 닿을 수 있다는 가능성을 확인한 것이 더 중요했다. 내겐 답장이 와 있을 내일을 포함해 아직도 여러 날이 남아 있다.

저녁을 먹으며 대화를 나누어 보니 영국인들은 감자튀김을 굉장히 좋아하는 모양이었다. 서로 흥분을 감추지 못하며 이야기를 나눴다. 음식 얘기를 끝내고는 한국과 일본의 문화와 역사, 양국의 관계를 주제로 이야기가 이어졌다. 의도치 않게 오늘 대화에서는 내가 꽤나 주도적이었다. 영국과 호주의 친구들은 동양인들이 살아가는 모습에 적잖이 관심을 가지는 것 같았다. 나와 무쿠에게 질문이 끊이지 않았다.

밤에는 앰버, 무쿠와 함께 선 조사를 위한 여정에 나섰다. 선 조사에서는 앰버와 무쿠가 개구리 한 마리씩을 잡았다. 비록 나는 단 한 마리도 찾지 못했지만, 인턴 셋이서 조사를 나오니 또 그것만의 재미와 스릴이 있었다. 셋이어서 서로 더 '으쌰으쌰' 하는 기분이 들기도 했다. 왠지 어미 없이 야생을 헤쳐 나가는 병아리가 된 심정이었다고나 할까? 어찌어찌 셋이 함께 세 개의 선 조사를 진행하고 나니 완전히 방전이 되었다. 피곤한 몸을 이끌고 다시 캠프로 향했다. 그나마 무쿠만은 팔팔했다. 홀로 저만치 앞서가더니 이리저리 손전등을 비추다, 갑자기 얼굴에 화색을 띠었다. 일시적으로 물웅덩이가 생긴 곳에서 포접* 중인 원숭이개구리(Monkey frog)를 발견했다. 정확한 종은 내일 다시 확인해 봐야겠지만, 나무개구리치고는 큰 몸집, 말똥말똥 새까만 색의 큰 눈은 원숭이개구리 중 한 종인 게 확실했다. 주황색의 배도 눈길을 사로잡았다. 책이나 만화에서나 볼 법한 비주얼로 내겐 너

---

* 포접(amplex)
  양서류의 짝짓기 행동으로, 수컷이 암컷 위에 올라타 암컷의 복부를 압박하여 산란
  을 유도하는 행동을 말한다.

● 기어 다니는 원숭이개구리 (Photo by Tsujino Muku)

무나 믿기 힘든, 신비로운 외형이었다. 너무나 예뻤다. 게다가 포접 상태라
니, 그들만의 은밀한 순간을 방해해 미안하긴 했지만 우리에게는 매우 의
미 있는 관찰이었다.

　이미 보조 랜턴까지 배터리가 다 되었는지, 들고 온 랜턴 두 개가 모두
어두워져 있어 겨우 내 발밑만을 밝힐 수 있었다. 조심조심 걸음을 내디뎌
캠프에 돌아왔다. 불빛이 약하니 위험하기만 하고 아무것도 찾을 수가 없
어 그저 답답할 따름이었다.

페커리가 몰고 온
밀림의 공포

숨 막히는
열대의 더위

　어제 채집한 원숭이개구리는 줄무늬원숭이개구리(Barred monkey frog, *Phyllomedusa tomopterna*)라고 불리는 녀석이었다. 어젯밤에는 분명 새까맣던 눈동자가 오늘 아침에는 밝은 노란색이 되어 있었다. 아무리 보아도 재미난 녀석이다. 호기심 많게 생긴 얼굴에, 주황색의 배면, 역시 주황색이지만 보라색으로 세로 줄무늬가 그어진 몸통 옆면. 하는 짓도 순해서 여느 개구리들처럼 도망칠 기회를 엿보기는커녕, 오히려 우리의 손과 팔 위에 찰싹 달라붙어 느릿느릿 기어 다니기를 좋아했다. 폴짝폴짝 뛰기보다는 굼뜨게 기는 모습이 영락없는 원숭이다. 어제 포접 상태로 잡아 같은 주머니에 넣어 두었더니 어느새 알도 한 무더기를 낳아 놓았다. 이 알은 어쩌면 좋으랴. 어서 서식지로 돌려주어야 했다. 어젯밤 이 녀석 외에 채집된 다른 두 개구리는 모두 라이클도둑개구리였다. 종의 특성상 임도(林道)와 같은 가장자리를 좋아하는 것인지, 그 구역에 개체 수가 많은 것인지, 선 조사에서는 라이클도둑개구리가 심심치 않게 채집되는 것 같다.

　오늘은 꼭 사우나에 앉아 있는 것처럼 날이 무더웠다. 끊이지 않고 땀이

1 튀어나올 듯한 큰 눈이 매력인 줄무늬원숭이개구리. 호기심이 많아 보이는 큰 눈이
부럽기만 하다. 2 몸 옆면을 펼쳐 보니 주황색 바탕에 진보라색의 줄무늬가 드러난다.
3 겁을 먹었는지 웅크린 자세는 여느 개구리들과 달리 가지런히 모은 손발과 몸에 직각으로
접힌 머리 부분이 내 눈을 잡아 끌었다.

1, 2 원숭이개구리는 다른 개구리, 심지어 같은 과인 나무개구리와 다르게 웬만해서는
점프를 하지 않는다. 발가락판의 엄청난 흡착력을 활용해 정말 '원숭이'처럼 기어 다니기를
좋아할 뿐이다. 3 줄무늬원숭이개구리 한 쌍이 비닐 주머니 안에 낳은 알 한 무더기

흘러내렸다. 경사가 급한 바이퍼 폴스 트랩에 다녀왔더니 온몸이 땀으로 흠뻑 젖었다. 혹시 몰라 한국에서 가져온 부채가 없었다면 숨쉬기도 힘들 정도였다. 싸구려 플라스틱 부채가 나를 살렸다. 한참을 무더위에 널브러져 있다가 브린의 부탁으로 무쿠와 함께 그동안의 데이터를 정리했다. 나는 핏폴트랩 데이터를, 무쿠는 선 조사와 방형구 조사, 그리고 조사 외에 우연히 발견된 개체들의 데이터를 입력하고 한데 모았다. 데이터를 입력하는 도중에도 리타 아주머니가 아마존긴꼬리스킹크도마뱀을 발견해서 무쿠와 힘을 합쳐 급히 잡았다. 마치 우리가 데이터를 정리하는 것을 알고 나타난 듯 타이밍이 절묘했다. 덕분에 일을 두 번 할 필요가 없었다.

점심 즈음이 되어서 어제 나갔던 식물 팀이 돌아왔다. 어제 낮에 강 건너로 가더니, 저녁 먹을 때엔 돌아오겠다던 게 연락도 없이(연락을 할 수도 없지만) 오지 않아서 혼자 괜한 걱정을 하고 있던 참이었다. 마침 그들이 배를 타고 떠날 때 나는 전화 신호를 잡느라 강변에 있었고, 떠나는 그들의 마지막 모습을 본 유일한 사람이었다. 당시 비는 점점 매서워져만 가는데 식물 팀이 탄 배는 비를 막아 줄 지붕이 없었다. 배에 빗물이 들어차며 가라앉거나, 불어난 강물과 세찬 물살에 배가 떠내려가지는 않을까 우려가 되었다. 내가 농담 반, 진담 반으로 우리 팀원들에게 식물 팀이 실종된 거 아니냐고 몇 번 얘기를 꺼내기도 했지만 다들 별 신경을 안 쓰길래, '이거 나 혼자 이렇게 걱정하다가 사실이면 어떡하려고 그러나?' 하는 불안이 턱 밑까지 차올랐다. 무사히 돌아온 그들을 보며 안도감에 나 홀로 한숨을 내쉬었다. 아마도 강 건너의 나탈리네에서 밤을 보내고 온 모양이었다. 오후가 되어, 아무 일도 없었다는 듯 그들은 다시 강 건너로 떠났다.

나와 카라는 브린을 따라 얼마 전 새로 길을 낸 아르마딜로 트레일에 거리 표식을 남기러 나섰다. 가는 길에 마치 우리를 배웅해 주는 듯한 세 마리의 고함원숭이 가족도 만났다. 우리 머리 바로 위에 있던 녀석들은 가까이까지 내려와 우리의 생김새를 보며 신기해했다. 매번 을씨년스러운 소리로 만 그들의 존재를 확인하던 우리도, 처음 보는 그들의 모습이 신기했다. 서 로가 서로를 구경하는 꼴이었다. 트레일에 거리 표식을 남기는 작업은 그 리 어렵지 않았다. 매 25m마다 가까운 나무에 리본을 매어 누적된 거리를 적어두기를 반복하는 일이었다. 총 길이가 100m인 선 조사 경로에는 10m 마다 표식을 남겨 두지만, 트레일은 총 길이가 약 700~800m이기 때문에 25m 간격으로 표식을 남겨 두는 것이 이곳의 매뉴얼이다. 아르마딜로 트 레일의 총 길이는 775m였다. 그렇게 약 두세 시간에 걸쳐 31개의 리본을 묶 었다. 기계적인 작업에 따분하기도 하고 끊임없이 달려드는 모기에 짜증이 치밀어 오르기도 했다. 표식을 남기기 위해 멈추어 서 있을 때마다 모기들 은 결코 나를 가만히 두지 않았다. 안 그래도 더워 죽겠는데 모기까지 달려 드니 아주 미칠 노릇이었다.

모기에 시달리며 표식 작업을 끝내고, 혹시나 왔을 연락을 확인하러 오 늘도 강변을 찾았다. 그러나 통신이 터져도 내게 연락이 들어오지는 못하 나 보다. 엄마든, 친구든, 내 문자를 받았다면 분명 답장을 보냈을 터인데, 아무 연락도 없었다. 감정적으로도, 현실적으로도, 그들에 대한 믿음보다 는 통신에 대한 믿음이 더 약했다. 한국의 사람들과 연락을 주고받을 수 있 다는 희망이 물거품처럼 흩어져 버리는 순간이었다. 기껏해야 내가 일방적 으로 연락을 보내는 게 최선인가 보다.

때마침 라울과 신디아가 치키 아저씨의 보트로 캠프에 복귀했다. 더불 어, 올리버라는 이름의 미국인 신입 인턴, 예전에 이곳 연구 기관의 양서파 충류 팀과 포유류 팀을 맡았던 딜런과 유리아도 함께 와서 인사를 나누었 다. 그들만 왔으면 좋았을걸. 보트에 있던 건 그들만이 아니었다. 조만간 당 도할 여러 명의 새로운 인턴들을 위해 총 세 개의 조립식 이층 침대도 함께 도착했다. 들기도 불편한 이층 침대 조립 부품을 고생하며 날랐더니 온몸

● 우리 배가 정박해 있는 한적한 탐보파타강의 모습

에 진이 쭉 빠져 버렸다. 무더위와 무거움의 이중고였다. 아무래도 오늘은
밤에 조사라도 나가게 되면 몸에 탈이 나도 크게 나겠다는 불길함마저 엄습
했다. 결국 2보 전진을 위한 1보 후퇴로 야간 조사는 과감히 포기했다.

문명, 그 뿌리치기 힘든 유혹

내가 못 나간 어젯밤 방형구 조사에서 아주 괜찮은 녀석이 하나 잡혔다. 에이루네페긴코나무개구리(Eirunepe snouted tree frog, *Scinax garbei*)라는 녀석인데, 같은 속의 긴코나무개구리인 두줄긴코개구리보다도 확실히 코가 길고 납작하다. 예쁜 빛깔의 초록색과 갈색이 적절하게 섞인 체색도 나는 마음에 들었다. 더더구나 이 지역에서는 처음 채집된 종이었다. 이틀 연속 이렇게 귀하고 고운 개구리들을 만나다니 이만한 행운도 드물다. 언제 또 만날지 몰라 모든 면면을 사진으로 남겨 두었다.

어제 리타 아주머니 덕에 잡았던 아마존긴꼬리스킹크도마뱀은 유독 세차게 몸을 흔들어댔다. 반질반질한 몸으로 기를 쓰며 발버둥을 쳤다. 그러더니 결국 무쿠의 손에서 꼬리를 떨어뜨렸다. 덕분에(녀석에겐 미안한 이야기지만) 꼬리의 잘린 단면을 세심히 관찰할 수 있었다. 도마뱀이건 도롱뇽이건, 위급한 순간에는 꼬리를 떨어뜨려 포식자의 주의를 분산시키고 본체는 위기를 모면한다. 이때 떨어진 꼬리가 더 맹렬히 버둥거려서 그 효과를 더욱 배가시킨다. 사실 생각해 보면, 산 채로 꼬리가 잘려 나가는데도 불

1, 2 긴 코가 확실히 눈에 띄는 에이루네페긴코나무개구리
3 긴코나무개구리속의 트레이드마크인 허벅지 뒤쪽의 검은 반점 무늬
4, 5 에이루네페긴코나무개구리의 등면과 배면의 무늬. 등면 무늬는 갈색과 녹색이
적절히 배합된 탁월한 보호색을 띠는 반면 배면은 비교적 깔끔하고 새하얗다.

● 에이루네페긴코나무개구리는 코가 길다 보니 SVL을 재는 모습도 재미있게 보인다.

구하고 피를 흘리기는커녕 더 날쌔게 도망가는 모습이 비상식적으로 느껴지기도 한다. 그 신비한 비밀이 잘린 단면에 있다. 가을 나무가 낙엽을 떨어뜨릴 때와 비슷하게, 도마뱀이나 도롱뇽이 꼬리를 떨어뜨릴 때도 꼬리와 본체 사이의 연결관을 모두 미리 단절·봉합시킨다. 즉, 꼬리를 잘라 내기에 앞서 꼬리와 본체를 잇는 혈관이나 신경 등을 먼저 분리시키는 것이다. 이는 꼬리 근육이 완전히 수축하면서 관을 빈틈없이 막아 버리기 때문에 가능하다. 잘린 단면에서 이 수축된 근육들이 마치 한 점으로 모여든 듯 봉합된 모습을 확인할 수 있었다. 다행스럽게도 이 잘린 꼬리는 서서히 재생되어 언젠가(완벽하지는 않을지라도) 형태를 다시 갖출 것이다.

　이외에도 어린 갈기숲두꺼비, 황록나무도마뱀, 페루흰입술개구리, 라이클도둑개구리도 측정을 마쳤다. 앰버는 어디서 잡았는지 거대한 올챙이도 두 마리나 잡아 왔다. 보통 크기의 올챙이를 옆에 두고 비교해 보니 그 크

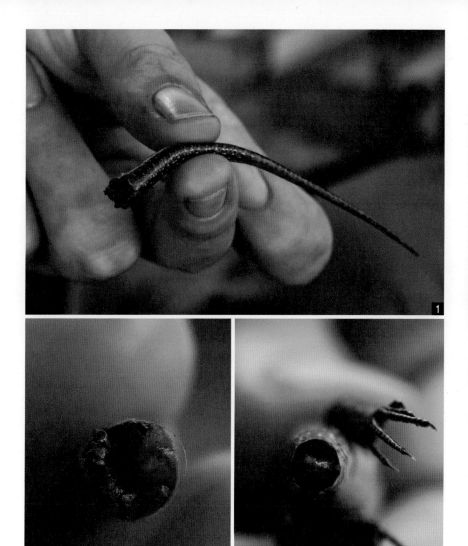

1 아마존긴꼬리스킹크도마뱀이 잘라 낸 꼬리. 꽤 길게 잘라 낸 이 꼬리는 본체에서 분리된 후에도 한참을 꿈틀거리며 포식자의 주의를 끌려는 자신의 본분을 다했다.

2, 3 잘린 꼬리의 단면과 본체의 단면. 둘을 번갈아 보면 본체의 단면에서는 근육이 중앙으로 응축하여 신경과 혈관 등을 봉합함을 확인할 수 있고, 근육의 중앙 수축으로 인해 꼬리 단면의 가운데 부분이 움푹 팬 것을 볼 수 있다.

● 마주 보고 있는 거대한 올챙이(왼쪽)와 일반적인 크기의 올챙이(오른쪽)

기가 더욱 실감났다. 앞으로 개구리가 될 때까지 자기가 키우겠다며 그들에게 새 집을 마련해 주었다. 최근 키우던 어린 개구리가 갑작스레 유명을 달리해서 한동안 침울해했던 앰버였다. 그렇기에 이 새로운 반려 올챙이들이 나 또한 더욱 반가운 마음이다. 나도 이 기막힌 우량아들이 무엇으로 자라날지 심히 궁금하기도 해서 내심 잘 되었다 싶었다.

함께 측정을 하다가, 오늘에서야 앰버 덕에 알게 된 재미난 점이 또 하나 있다. 황록나무도마뱀은 목 옆의 가려진 부분이 감정에 따라 색이 바뀌는데, 스트레스를 받았을 때는 검은색으로, 안정적일 때는 흰색에 가까운 좀 더 밝은 색으로 바뀐다(다섯째 날 일기 참조). 어쩐지 우리가 봤을 때는 항상 새까맸다. 나중에 같은 속의 목도리나무도마뱀(Collared tree runner, *Plica plica*)도 채집되면 한번 확인해 봐야겠다.

오후에는 개인적인 일로 하루를 보내다가 요상한 새소리에 정신이 번쩍 들었다. 브린도 함께 듣더니 왕부리새라고 알려 주었다. '투-칸, 투-칸'이라고 외치는 듯했는데, 과일 맛이 나는 도넛형 시리얼로 유명한 그 녀석들이 바로 내 가까이에 있는 나무에 앉아 있었다. 나는 쌍안경이 없어서 제대로 보지는 못했지만 거대한 부리가 그리는 실루엣은 확실히 볼 수 있었다. 나는 처음 만나는 왕부리새였다. 새가 주된 관심 분야가 아닌 나에게도 이곳에 와서 꼭 보고 싶은 새가 두 종 있었는데, 흔히 보아 온 마카우, 즉 금강앵무와 투칸이라고 부르는 이 왕부리새였다. 오늘로써 소박한 나의 탐조(探鳥) 버킷리스트는 다 채운 셈이다.

위성 안테나와 함께 부엌에는 TV가 새로 들어왔다. TV를 보니, 인터넷은 언제쯤 들어오나 하는 생각이 무심결에 스쳤다. 아마존으로 향할 때는 답답한 물질세계를 벗어나고 싶다며 결연히 부르짖던 내가, 어느새 스스로 모순을 범하고 있었다. 아직 나는 문명에 대한 미련을 완전히 버리지 못했나 보다. 자연을 말하면서도 그것을 오롯이 받아들이지 못한 나를 다시 반성하게 된다. 부엌 반대편의 캠프 마루 한쪽에서는 내일 도착할 일곱 명을 위해 새로운 이층 침대를 만들고 있었다. 그런데 이 새로 만든 침대를 보고 있자니 또 오래되어 때가 탄 내 침대와 비교됐다. 흙바닥에서 재워 줘도 그러려니 해야 할 판에 더 희고 편한 것을 찾고 있었다. 아, 나는 어쩔 수 없이 문명의 노예일 수밖에 없는 걸까. 야외 생물학자로서 아직 갈 길이 한참 멀었다.

TV와 침대를 구경하던 중에 조류 팀이 돌아왔다. 라울은 돌아오자마자 강력한 항히스타민제를 찾았다. 어쩐지 핏기가 없는, 긴장이 역력한 얼굴이었다. 아이고, 들어 보니 총알개미에 왼손을 물렸단다. 오른손은 이미 예전에 새끼손가락이 부러져 깁스를 하고 있고, 이제는 왼손까지. 왼손을 움직이지 못하겠다며 총알개미용 항히스타민제를 다급히 찾아다녔다. 게

다가 총알개미에 물린 게 이번이 벌써 두 번째였다. 총알개미들도 생각보다 그리 물려고 들지는 않던데, 이 정도면 거의 총알개미들의 사랑을 독차지하는 수준이다. 나는 솔직히 총알개미에 물렸을 때의 느낌이 궁금했다. 보기에도 안쓰러워 한편으로 미안해하면서도 라울에게 그 고통을 묘사해 달라고 부탁했다. 돌아온 그의 답변은 강렬했다. 물린 것은 고작 손가락 끝의 한 점이었는데, 왼팔 전체가 타는 듯이 화끈거린다고 했다. 그러면서 적어도 만 하루 이상은 고통이 지속될 것이라고 덧붙였다. 듣고 보니 실로 무시무시한 개미가 아닐 수 없다.

저녁식사 시간에는 모두 새로 들어온 TV에 자연스럽게 주의를 집중하게 되었다. 아니, 주의를 뺏겼다는 것이 더 정확한 표현일 것 같다. 우리는 그렇게 저녁 대화를 잃었다. 다들 결과적으로 TV를 본 것은 잘못된 선택이었다고 입을 모았다. 우리는 TV보다 우리끼리의 대화가 더 좋았다. 우리에게 가장 즐거운 식사 자리는, TV라는 기계에 눈과 귀를 정복당한 자리가 아닌, 동료들과 가장 기초적인 소통이 이루어지는 자리였음을 모두들 깨달았다.

밤이 되어 브린, 앰버, 무쿠, 나, 카라까지 다섯 명 모두가 선 조사를 나갔다. 헤드랜턴을 잃은 나를 위해 브린이 오늘부터 자신의 헤드랜턴을 빌려 주기로 했다. 밤의 숲에서 헤드랜턴이란, 새 생명이나 마찬가지다. 심지어 자신이 가진 것 가운데 가장 성능이 좋은 것을 준다고 한다. 역시 배려로는 이곳 탐보파타에서 따를 자가 없는 브린이다. 가는 길에 우선 페루흰입술개구리를 한 마리 잡고 시작했다. 시작이 좋았다. 인원도 다섯 명이나 되다 보니, 둘, 셋으로 나누어 동시에 두 개의 선 조사를 진행할 수 있었다. 나와 브린, 앰버가 함께하고 무쿠와 카라가 함께했다. 그러나 아쉽게도 양 팀모두 이렇다 할 소득 없이 선 조사가 끝났다. 불행 중 다행으로 정해진 선 조사를 마치고도 추가적인 조사를 할 시간이 허락되었다. 인원이 많아 조사에도 여유가 생긴 덕이다. 이번에는 나와 브린, 무쿠가 함께 선 조사를 하나 더 하기로 했고, 앰버와 카라는 다른 구역의 트레일들을 따라 기회 조사*를 하러 떠났다. 앰버네 팀의 수확은 내일 확인해 보아야겠지만, 우리 팀은 이번 선 조사에서 라이클도둑개구리 한 마리를 오늘의 채집 목록에 추가했다.

오늘도 하루의 마지막은 상쾌한 샤워이기를 간절히 바랐다. 그러나 그것은 끝내 나의 바람일 뿐이었다. 화장실은 개미들이, 샤워장은 흰개미들이 장악하고 있었다. 나는 이들 사이에서 땀에 찌든 몸을 찝찝하게 헹궈야 했다. 내가 자연에 진정으로 녹아드는 날, 이들과 함께 하는 샤워도 상쾌할 수 있을까.

---

* 기회 조사(opportunistic sampling)
선 조사나 방형구 조사처럼 특별히 정해진 조사 방법 없이 우연히 발견되는 모든 개체들을 채집하는 방법으로, 임의로 번역하였다.

어둠 속에서 길을 잃다

아침부터 새 사람 맞이로 한창이었다. 침대 시트를 새로 깔고, 모기장도 새로 걸어 뒀다. 오늘은 5명의 아르헨티나 학생이 도착하는 날이었다.

오전에는 핏폴트랩 확인을 나가지 않고 어젯밤에 잡아 온 동물들을 측정했다. 내가 브린, 무쿠와 함께 잡은 라이클도둑개구리 외에도 앰버와 카라가 잡아 온 동물이 더 있었다. 우선 심심치 않게 보아 온 다홍치마나무개구리가 두 마리 있었고, 낯설게 느껴지는 갈색의 나무개구리도 있었다. 첫눈에는 마드레디오스긴발가락개구리인 줄 알았는데 자세히 보니 발가락 끝의 흡판이 둥글둥글했다. 동정해 보니 이 녀석은 로켓나무개구리였다. 거의 2주 만에 다시 만나는 종이었으니 낯설 법도 했다.

이틀 전인가부터 계속 구역질이 났다. 머리도 아프고…. 일단 낮잠을 자려고 누워 보았지만 잠이 들지는 못했다. 내가 홀로 사투를 벌이는 도중에 아르헨티나 학생들이 캠프에 도착했다. 이들은 졸업 여행차 이곳에 들러, 마지막 추억을 아로새길 예정이라고 했다. 여느 때와 마찬가지로, 먹거리, 물 등의 물자들도 사람을 따라 이곳에 도착했지만 나는 영 컨디션이 좋지 않아 나르는 일을 도와주지 못했다. 고맙게도 아르헨티나에서 온 장정들이 내 몫까지 열심히 옮겨 주었다. 그런데 아쉽게도 아르헨티나 친구들은 대부분 영어가 서툴렀다. 스페인어로 서로 대화를 해대는 통에 그들과의 대화를 시도하기는커녕, 무슨 주제로 대화가 오가는지도 전혀 감을 잡을 수 없었다. 앞으로 꽤나 험난한 소통이 예상되었다.

오랜만에 다 같이 애니메이션을 한 편 보고, 아르헨티나 친구들 가운데 양서파충류를 전공한 세 명과 며칠 먼저 도착한 올리버까지 합세해 총 아홉 명이 야간 조사를 나갔다. 브린과 무쿠는 아르헨티나 친구들과 방형구 조사를 떠나고, 나와 카라, 올리버는 앰버를 따라 기회 조사에 나섰다. 우리는 부트 킬러 트레일에서 조사를 시작했다. 시작부터 검은 머리의 붉은 뱀을 채집했다. 내가 부트 킬러 트레일의 험난한 고개를 다 오르기도 전에 선두의 앰버가 발견해 잡았단다. 얼마 가지 않아서는 요란하게 도망치는 페커리를 만났다. 역시 이번에도 내가 선두를 따라잡기 전이었기에 나는 그 형체를 직접 볼 수는 없었다. 선두에서도 도망치는 발소리를 먼저 듣고 뒤늦게 불을 밝혀서 뒷모습밖에 보지 못했다고 한다.

그리고는 한동안 눈에 띄는 동물을 찾지 못했다. 그저 어제에 이어 커다란 전갈붙이(Whip scorpion, 거미처럼 생겼으나 거미는 아니면서, 전갈처럼 집게를 가졌지만 전갈은 아닌 무척추동물로, 채찍 같은 꼬리를 지닌 데다 전갈을 닮았다 하여 이와 같은 영문명이 붙었다)를 본 것, 무수한 개미 떼 위를 잘못 디뎠다가 혼쭐이 날 뻔한 것이 그나마 사건이라면 사건이었다. 그러다 페커리 트레일로 발걸음을 옮기자마자, 앰버가 맹꽁이과(Microhylidae) 개구리 한 마리를 포함해 개구리 두 마리를 찾아냈다. 페커리 트레일이 끝나는 즈음에서는 올리버가 아마존긴꼬리스킹크도마뱀을 발견했다. 그 날쌘 녀석을 앰버가 재빠르게 낚아채며 또 한 번 실력을 뽐냈다. 이 녀석을 발견하고 알려 준 올리버조차도 앰버가 정말 이 녀석을 잡을

● 거미인지 전갈인지 헷갈리는 독특한 생김새의 전갈부치. 그 중에서도 이 녀석은 꼬리가 없는 무편전갈부치(Tailless whip scorpion)라고 한다. (Photo by Cara Shields)

수 있을 거라고는 생각도 못 했단다. 역대 최장기 인턴인 앰버의 관록이 느껴지는 순간이었다.

　　이후에는 재규어 트레일을 지나 낯선 길로 들어섰다. 리더인 앰버가 캠프로 돌아가는 지름길이라며 자신 있게 앞장선 길이었다. 초반에는 이상하리만치 운이 좋았다. 내 얼굴보다도 큰 거대 수수두꺼비 세 마리를 연달아 발견했다. 그 큰 몸집에도 위장술이 어찌나 뛰어난지 내 앞의 카라는 알아채지 못해서 밟고 지나가기까지 했다(워낙 풍채가 좋아 발에 밟혀도 끄떡도 하지 않지만…). 어느새 후미를 맡고 있던 앰버는 나와 카라에게 어떻게 그 큰 녀석들을 못 보고 지나칠 수 있냐며 나무랄 정도였다. 처음 발견한 두 마리가 너무나 충격적이어서 우리는 기념사진을 찍지 않을 수 없었다. 얼굴 옆에 들어 그 거대함을 강조하기도 하고, 어깨에 올려 친밀함(?)을 과시하며 찍기도 했다. 둔한 건지, 관심이 없는 건지, 녀석들은 도망가기는커녕 미동도 하지 않았다. 앰버는 항상 수수두꺼비를 '멍청한 두꺼비'라고 불렀는데, 그 이유를 오늘에야 보여 주었다. 그 덩치 좋은 녀석들을 뒤집어 두고는 우리더러 잘 지켜보라고 했다. 귀찮은 건지, 죽은 척을 하는 건지, 녀석들은 한참을 아무런 움직임도 없었다. 스스로 강력한 독이 있다고 자신하기 때문이라고 믿고 싶지만 어쩌면 정말 멍청한 건지도 몰랐다. 이들은 심지어 계속 건드려 보아도 뛰어갈 생각조차 하지 않았다.

길을 따라 좀 더 들어가서는 앞서 잡았던 붉은 뱀과 비슷한 뱀을 또 한 마리 찾아냈다. 이번에도 올리버였다. 그 알록달록한 낙엽들 사이에서 어떻게 또 찾아냈는지, 올리버는 눈이 정말 밝았다. 하긴 탐조를 즐기며 저 멀리의 새들까지 금세 찾아내는 친구이니 그럴 만도 하다. 아무튼 올리버와 앰버는 이 녀석이 아까 잡았던 녀석과 같은 종 같아 보인다는데 내 눈에는 검은 머리 부분의 무늬가 좀 달랐다. 내일 좀 더 자세히 보아야 할 것 같다.

그런데 어째 한참을 더 들어가도 캠프나 다른 큰 길이 나타나지 않았다. 오히려 길이라고 생각했던 숲과의 경계가 점점 희미해졌다. 자신만만하던 앰버도 어느새 불안해하더니 길을 잘못 든 것 같다며 결국 자신의 실수를 시인했다. 그러나 너무나 당당하게도, 그럴 수 있다는 투의 짧고 쿨한 사과가 전부였다. 이미 자정이 넘은 시각, 사방은 어둡고 우리는 어딘지 모를 숲 한복판에 서 있었다. 꽤나 위험할 수 있는 상황이었다. 설상가상으로 근처에서는 갑자기 알 수 없는 동물의 소리가 들려왔다. 일순간 공포감이 엄습했다. 침이 마르고 땀이 식는 것 같았다. 아마도 페커리일 테지만(페커리는 '아마존형 멧돼지'라고 생각할 수 있는데, 언제 돌진할지 몰라 페커리 역시 위험하긴 마찬가지다) 혹여나 재규어라도 나타난다면 어떻게 해야 한단 말인가? 그런데도 앰버에게서는 리더로서의 책임감도, 우리에 대한 미안함도 딱히 느껴지지 않았다. 이럴 때일수록 진정성 있는 대처가 필요한 법이다. 나는 오늘의 일에 대해서만큼은 앰버에게 크게 실망했다. '덕분에' 나는

1 굉장한 크기의 성체 수수두꺼비 (Photo by Cara Shields)
2 거대한 수수두꺼비 두 마리와 함께한 기념사진. 이렇게 보니 녀석들 크기가
내 얼굴과 비슷하다! (Photo by Cara Shields)

무모한 만용을 앞세워 팀을 숲속으로 이끌어서는 안 된다는, 정글의 교훈을 또 하나 배웠다.

결국 발길을 되돌려 낯익은 트레일의 표식을 찾아 나섰다. 만약 주요 트레일마다 나무에 표식마저 남겨 놓지 않았다면 이런 조난 상황에서는 정말 어떻게 해야 했을까? 쉽게 정답이 떠오르지 않는다. 평소보다 한 시간 이상 늦게, 새벽 1시가 넘어서야 마침내 캠프로 복귀했다. 더위에 흘러내린 땀과 긴장 속에 난 식은땀이 뒤섞여 몸이 온통 땀범벅이 되어 왔건만 하필이면 수돗물이 나오질 않았다. 늦은 시간에 냇가에 가 펌프를 돌릴 수도 없는 노릇이었다. 결국 샤워도 하지 못하고 찝찝하게 잠자리에 들어야 했다. 시작부터 마무리까지, 끔찍한 하루였다.

브린의 생일

아침을 먹자마자 강 건너에 있는 나탈리의 사이트로 떠났다. 브린의 갑작스러운 결정이었다. 양서파충류 팀을 포함해, 호기심이 넘치는 아르헨티나 친구들이 함께 보트에 올랐다. 강 건너에 발을 디디고 몇 걸음 지나지 않아 우리는 퓨마의 발자국을 발견했다. 보트를 몰아 준 치키 아저씨의 말이, 지난주에는 같은 곳에 재규어 발자국이 찍혀 있었다고 한다. 아마존의 맹수는 물을 찾아 종종 강가를 찾는다고도 했다. 강가와 인가를 지나 숲으로 들어선 이후에는 열심히 잎을 나르는 잎꾼개미들도 만날 수 있었다. 벼르고 벼르던 나는 드디어 잎꾼개미의 사진을 찍었는데, 재밌는 점이 한 가지 눈에 들어왔다. 잎꾼개미들은 사람이 낸 길을 따라 잎을 날랐다. 아무래도 사람이 낸 길은 말끔해서 장애물이 덜하기 때문인 것일까? 저마다 나뭇잎 한 조각씩을 지고 사람이 낸 길을 따라 줄지어 가는 개미들의 모습은 무척 신기한 광경이었다.

오늘 우리가 아침 일찍부터 이곳에 온 데에는 그만한 이유가 있었다. A부터 H까지 총 여덟 개의 100m짜리 트레일을 만들어 두기 위해서였다. 이

● 사람이 낸 길을 따라 잎을 나르는 잎꾼개미들

트레일들은 나중에 이곳 선 조사를 위해 쓰일 것들이었다. 각 트레일 사이의 간격은 10m로, 방향은 나침반 바늘이 가리키는 북쪽을 향해 모두 평행하게 만들어야 했다. 우리는 세 명씩 한 팀을 이루어, 중간에 늪이나 습지가 있건, 쓰러진 나무나 가시덤불이 막고 있건, 정글도를 휘두르며 무식하게 뚫고 나아갔다. 확실히 강 건너의 이곳은 습지가 더 많아서 그런지 그만큼 모기도 훨씬 많았다. 노출될 수밖에 없는 손과 얼굴은 물론이고 옷으로 덮인 부분까지 전부 뚫리고 말았다. 다들 너 나 할 것 없이 전신을 모기 물린 자국으로 도배했다. 오늘따라 정글도도 날이 무뎌서 손에 물집이 잡히거나 피부가 벗겨졌다.

● 강 건너편에 있는 기괴한 형태의 고목. 어떻게 저토록 휘어서 자랄 수 있었을까?

중간에 간단히 요기도 하고 쉬는 시간을 가졌는데 이 시간에 해야 할 한 가지 중요한 일은 모기 퇴치제로 온몸을 다시 코팅하는 것이다. 온몸이 스프레이로 충분히 적셔질 때까지 다들 엄청나게 뿌려댔다. 그럼에도 불구하고 우리의 수난은 끝나지 않았다. 모기 퇴치제의 효력이 그리 오래가지 못했나 보다. 여전히 모기에 당하고, 비는 또 퍼붓고, 지나가야 하는 습지는 장화 높이보다도 깊어서 발이 물에 잠겼다. 빗물과 못물에 온몸이 젖으니 모기들은 그런 우리를 보며 더 좋다고 날뛰어댔다. 막판에는 아주 여러모로 최악이었다.

그 와중에 아르헨티나에서 양서파충류를 공부한 디오넬은 이곳의 미기록 종 하나를 찾아냈다. 그것은 유리마구아스독개구리(Yurimaguas poison

● 아직 집보다는 그저 '인공 공간'에 가까운 나탈리와 앨라드, 유리아와 딜런의 러브하우스

frog, *Ameerega hahneli*)였는데, 세줄독개구리와 비슷한 무늬지만 좀 더 노란색에 가깝고, 허벅지와 무릎 안쪽, 팔 안쪽에 샛노란 점이 박혀 있는 것이 특징이다. 크기도 훨씬 작았다. 나는 뒤처져서 보지 못했는데 숲을 나가는 길에 큼지막한 테구도마뱀도 우리 앞을 지나갔다고 한다. 재빠르게 도망쳐서 아쉽게도 다시 찾아내지는 못했다. 그렇게 거의 다섯 시간을 작업하고, 나탈리와 앨라드, 딜런, 유리아가 함께 지내는 광대한 나무 마루(집이라기에는 아직 어딘지 모자란)에서 치키 아저씨가 데리러 오기만을 기다렸다.

다시 캠프에 되돌아온 시각은 오후 3시였다. 늦었지만 제대로 된 점심을 먹고 오늘의 측정을 시작했다. 어제 두 팀으로 나눠 오랫동안 조사를 진행했던 덕인지 오늘은 측정 대상이 제법 많았다. 브린 팀이 채집해 온 동물은 두줄긴코나무개구리, 그물무늬허밍개구리(Reticulated humming frog, *Chiasmocleis royi*), 프라이버그거품개구리(Friberg's forest toadlet, *Engystomops freibergi*)였다. 프라이버그거품개구리는 사실 영문명이 뜻하는 것처럼 새끼 두꺼비(Toadlet)가 아니라 엄연한 긴발가락개구리과의 개구리였음에도 정말 두꺼비와 눈매가 흡사한 것이 참 신기했다. 여담으로, 이 녀석이 속한 속을 일반적으로 거품개구리(Foam frog)라고 부르는 이유는, 이

1 세모꼴의 작은 머리가 특징인 그물무늬허밍개구리
2, 3 등면에는 색다른 무늬가 없지만 배면에는 젖소가 연상되는 무늬가 보인다.

들이 거품을 만들어 그 속에 알을 낳기 때문이다. 이 거품은 연못 위를 떠다니면서 알들을 보호하는 쿠션 기능을 해주어 소중한 알들이 무사히 부화하도록 돕는다. 우리 팀이 채집한 동물은 마드레드디오스긴발가락개구리를 비롯해 볼리비아염소개구리, 아마존긴꼬리스킹크도마뱀, 그리고 붉은 뱀 두 마리였다. 어제 내가 서로 다른 종이라고 의심했던 이 붉은 뱀 두 마리는 알고 보니 같은 종이 맞았다. 박물관에서 공부하며 이 종을 잘 알던 디오넬이 같은 종임을 확인해 주었다. 검은머리칼리코뱀(Black-headed calico snake, *Oxyrhopus melanogenys*). 그게 이 예쁜, 검은 머리 붉은 뱀의 이름이었다.

사실 오늘은 우리 팀과 이곳 가족들에게 매우 특별한 날이었다. 다 같이 기다리고 기다리던 브린의 생일이었기 때문이다. 저녁식사 시간을 맞아 모두가 한자리에 모여 브린의 생일을 축하했다. 리타 아주머니와 로사 아주머니가 브린을 위해 홈메이드 초코케이크까지 만들어 주었다. 한바탕 잔치판을 벌인 후에 브린의 소감 한 마디가 이어졌다. 그는 정글에 머물며 기대조차 하지 못한 생일 축하에 심히 울컥한 것 같았다. 감동 어린 감사 인사를 전하며 이제 적당히 마무리하려는데, 우리에겐 지금부터가 하이라이트였다. 페루의 생일 전통이라며 브린을 뒷짐 지도록 하고 입으로만 케이크를 베어 물게끔 유도했다. 브린의 입이 케이크에 닿자마자 카테린(로사 아주머니의 딸)과 앤디(치키 아저씨의 손자)가 그의 얼굴을 말 그대로 케이크에 처박아 버렸다. 부지불식간에 브린의 뒤통수에는 날달걀이 터졌고 이어서 밀가루가 끼얹어졌다. 보니와 보리스의 합동작전이었다. 그다음에는 우리가 준비한 영국의 전통을 보여줄 차례였다. 앰버가 한 "Yeah, man"(브린의 대표적인 말버릇)이라는 말을 신호로 나, 앰버, 라울, 무쿠가 브린의 사지를 나눠 잡고 그의 나이(23)만큼 들었다 내리기를 반복했다. 사전에 치밀하게 짜놓은 합이었다. 솔직히(지나고 보니) 이건 브린을 골탕 먹이기보다 우리

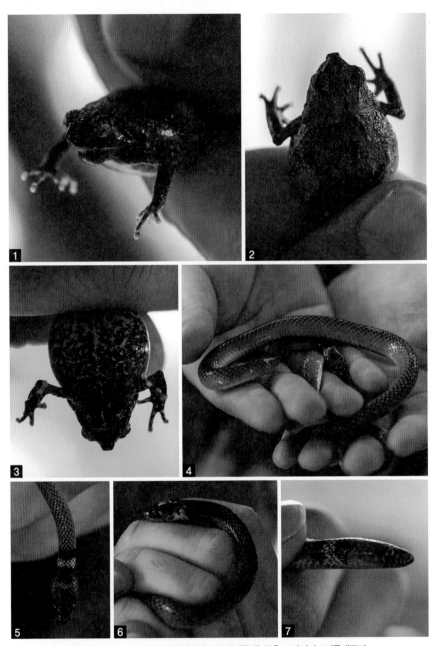

1 날카로운 동공, 솟아오른 눈두덩이가 영락없이 두꺼비를 똑 닮은 프라이버그거품개구리
2 정말 두꺼비가 아닌지 의심될 만큼 오돌토돌한 등면 3 얼룩무늬가 있는 배면
4~7 검은머리칼리코뱀 5 머리 부분에 빨갛고 노란 줄무늬가 있다.
6,7 또 다른 개체인 이 녀석은 아래쪽이 흰색을 띠는 것 말고는 아무 줄무늬도 없다.

스스로가 고역을 치르는 격이었다.

　케이크(브린이 얼굴을 파묻고 남은)는 모두 나누어 먹었다. 나는 그렇지 않아도 초코케이크가 한참 그리웠던 터라 이 기회를 틈타 염치 불고하고 열심히 먹었다. 원래는 모두에게 한 조각씩 돌아가야 하는 케이크였는데 나는 한 조각을 더 타다 먹었다. 내가 워낙 행복하게 먹으니 그런 날 안쓰럽게 여긴 리타 아주머니가 내게만 특혜를 베푼 것이었다(항상 많이 먹는 무쿠도 그런 나를 따라 한 조각을 더 얻어먹기는 했다). 앰버는 지난번 도시에 갔을 때 이 날을 위해 미리 사둔 럼을 꺼냈다. 럼과 같이 마시라며 치키 아저씨가 콜라도 제공해 주어서 럼에다 콜라를 섞어 만든 럼콕을 두 병이나 마셨다. 서툰 외국어로 서로 진실게임도 하며 오랜만에 술자리를 가졌다.

　몸에 알코올이 섞이니 나는 어느새 감각이 분리되는 것 같은 느낌이 들었다. 평소에는 느끼지 못한 감각이었다. 사방이 숲과 어둠으로 둘러싸인 정글에서 술이라니. 들리는 것이라곤 우리 말소리와 이름 모를 풀벌레 소리가 전부였다. 자정을 한참 지난 시각, 이 광활한 열대우림 속에 우리뿐이라는 사실에 새삼 으스스하기도 했다. 낯선 불빛에 이끌려 커다란 동물이라도 찾아오면 어떡할까. 그래도 왠지 무언가에 의해 보호받는 느낌이 든다. 모두가 함께 있기 때문인지도 모르겠다. 하늘의 무수한 별과 캠프 천장의 누런 백열전구도 나를 감싸 안아 주는 것만 같았다. 따뜻하다. 이제 슬슬 술기운이 도나 보다. 조금씩, 조금씩, 긴장감은 사라져 가고, 눈꺼풀만 무거워진다.

새로운 동료와의
익숙한 하루

늦잠을 잤다. 일어났을 때는 이미 디오넬과 곤잘레스가 핏폴트랩 두 곳을 모두 확인하러 간 뒤였다. 내가 아침을 먹은 지 얼마 지나지 않아 그들은 세줄독개구리와 그물무늬허밍개구리 한 마리씩을 채집해 왔다. 어젯밤은 브린의 생일을 축하하느라 야간 조사를 나가지 않았기 때문에 오늘 측정할 동물들은 이 둘이 잡아 온 게 전부였다. 아르헨티나에서 온 디오넬과 곤잘레스는 양서파충류를 전공했다고 한다. 그래서인지 확실히 지식도 많고 이곳 아마존에 대한 호기심도 왕성해서 언제나 적극적이다. 브린에게 필드가이드북에 있는 동물들을 가리키며 이곳에서 본 적이 있느냐고 질문 세례를 퍼붓기도 했다. 어제오늘 핏폴트랩도 그들이 먼저 나서서 확인하고 돌아왔다. 기존에 있던 우리 모두에겐 고마운 도움이 됐고, 내게도 크나큰 자극이 됐다.

그동안 찍어 온 사진을 정리해야 할 시점이 되었다. 이미 2,500장쯤 찍었더니 메모리 카드에 더 이상 남은 용량이 없었다. 외장하드로 모든 사진이 옮겨지는 데에 20분이 걸릴 예정이었기에 그동안 나도 잠시 자리를 비웠다. 식물 팀의 아비(Abbie, 식물 팀의 아비는 호주에서 온 쾌활한 여성으로, 구분을 위해 '호주 아비'라고 부르기로 한다)와 이름이 비슷한 아비(Avi, 양서파충류 조사를 함께 하게 된 아비는 영국에서 온 조용하지만 열정적인 남성으로, 구분을 위해 '영국 아비'라고 부른다)가 우리 양서파충류 팀에 새로 오게 되어 마중을 나갔다(그는 보통의 신입 동료처럼 처음 마주한 이곳을 아직은 굉장히 낯설어하는 것 같다). 그런데 이게 웬일일까, 돌아와 확인해 보니 옮겨진 사진이 좀 이상해 보였다. 대충 보아도 깨져 있었고 확인하려 해도 나타나질 않았다. 사진을 옮겨야 할 외장하드는 컴퓨터에 인식이 되다 말다를 반복했다. 하드 자체의 문제인지, 연결하는 케이블의 문제인지 난감하기 이를 데 없었다. 사진이 제대로 옮겨지지 않은 듯했는데, 몇 시간을 붙잡고 고군분투하다 결국 포기하고 말았다. 머리가 복잡했다. 이곳에서의 기억을 온전하게 남겨 줄 것은 이 일기와 사진들뿐인데. 부디 사진들이 무사히 살아 있기만을….

오전에는 비가 많이 오더니 늦은 오후 들어 그쳤다. 그 틈을 타 잡아 온 동물을 놓아주러 갔다. 가는 김에 자연과 어우러진 동물들을 카메라에 담고 싶기도 했다. 말하자면 '콘셉트 샷'인 셈이다. 그러나 울창한 숲은 기본적으로 어둡다는 것을 망각하고야 말았다. 카메라가 초점을 잡기도 전에 세줄독개구리는 금세 도망을 가버렸다. 원래 등에 지고 다니다 떨어진 제 새끼들도 포기해 버린 채였다(번식기의 세줄독개구리는 수컷이 올챙이들을 등에 붙이고 다니는데 이 녀석도 그런 수컷 중 하나였다. 다만 우리가 측정을 하다 올챙이들이 제 자리를 잃었다. 올챙이들이 살 수 있도록 물을 넣은 주머니에 담아 두었다). 이제 이 올챙이들은 스스로 연못에서 살아남아야만 했다. 올챙이들이 안쓰럽고 그들에게 마냥 미안할 뿐이다. 우리의 부족함으로 올챙이들은 아빠를 잃고 험난한 세상에 던져진 셈이니. 관련 연구가 없어 이들의 운명을 가늠할 수도 없는 게 참 한스럽기만 하다. 아빠 없

● 정작 찍으려던 개구리는 못 찍고, 숲으로 들어가는 길에 찍은 어느 징글징글하게 생긴 곤충 한 무리

이도 못 속에서 잘 살아남기만을 바라고 또 바란다.

저녁에는 선 조사를 나가기로 되어 있었다. 선 조사는 두 팀으로 나누어 두 개씩 총 네 개를 진행했다. 나는 디오넬, 브린, 카라와 함께 다녔고, 앰버, 무쿠, 두 아비가 함께 다녔다. 우리 팀의 첫 조사에서는 내가 선두를 맡아 길을 찾아 나갔다. 선 조사 경로에는 5m마다 나무에 미리 묶어 둔 색깔 테이프가 있어서 선두가 그것을 찾아 길을 나아가는데, 그렇게 나아가다가 나뭇잎 위에 앉아 있는 손바닥만한 갈기숲두꺼비를 발견했다. 난 그동안 심심치 않게 봐 왔기 때문에 별 감흥이 없었지만 이 녀석을 처음 보는 디오넬은 너무나 예쁘다며 굉장히 좋아했다. 그런데 이게 알고 보니 내가 길을 잘못 들어선 덕이었다. 이웃한 선 조사 경로들은 서로 10m 간격으로 떨어져 있어 어두운 밤에는 까딱하면 잘못 들어서기 십상이다. 후미를 맡고 있던 브린이 날 불러 세우지 않았다면 한참을 더 가 다른 조사 경로로 나올 뻔했다. 두 번째 선 조사에서는 드디어 카라가 처음으로 개구리 포획에 성공했다. 비교적 큰 라이클도둑개구리를 만나 조심스럽게 잡았으나 아직 잡는

● 어둠 속에 마주한 긴발가락개구리과의 거대한 괴물 개구리 (Photo by Tsjino Muku)

게 서툴렀나 보다. 한 번 놓쳤다가 다시 잡았다. 그래서인지 카라는 두 배로 자신의 성공을 기뻐하는 눈치였다.

두 팀의 조사가 모두 끝날 때쯤 빗물이 어둠 속을 적시기 시작했다. 점점 세차게 쏟아져서 발걸음을 재촉하는데, 어떻게든 비를 피하려고 하는 우리와 반대로 동물들은 비를 반기는가 싶었다. 한밤중의 비로 인해 큰 노력을 들일 여건이 안 되었는데도 불구하고, 캠프를 향해 되돌아가며 로랜드열대황소개구리와 엄청 큰 긴발가락개구리과의 개구리를 비롯해 처음 보는 듯한 고양이 눈의 붉은 뱀까지 채집했다. 모두 비를 맞아 탁 트인 길목에 나와 있었던 덕이다. 인간에겐 때론 불편함을 안겨 주는 비가, 아마도 동물에겐 하늘이 내려 주는 생명의 물일 것이다.

오늘은 여느 날과 같은 하루였다. 나도 이제 이곳에 꽤 적응이 되었는지 이제 특별함보다는 익숙함이 커져 가고 있다.

뱀이냐, 도마뱀이냐: 진화의 중간형

　오늘 아침엔 라이클도둑개구리 두 마리, 로랜드열대황소개구리, 갈기숲두꺼비와 더불어, 나로선 난생처음 보는 늦센가는발가락개구리(Knudsen's thin-toed frog, *Leptodactylus knudseni*)와 고양이눈뱀(Common cat-eyed snake, *Leptodeira annulata*), 도르비니지렁이도마뱀(Dorbignyi's Bachia, *Bachia dorbignyi*)을 측정하고 동정했다. 늦센가는발가락개구리는 SVL이 13.78cm, 몸무게가 225g으로 그 크기가 상당했다. 체구가 작은 개구리들의 몸무게가 0~2g 정도이고 웬만큼 크다는 개구리의 몸무게도 10g을 넘기기가 힘들다는 사실을 생각해 보면 엄청나게 큰 것이다. 내가 상상하지 못한 괴물 같은 크기였다. 우리나라에서도 황소개구리를 직접 본 적이 없는 나에게는 충격 그 자체였다. 우선 그 크기 때문에 한 손으로 잡아들 수가 없었다. 두 명이 달라붙어야 겨우 측정을 할 수 있었다. 힘은 또 어찌나 센지 두 손으로 붙들어도 버티기가 여간 쉽지 않았다.

　도르비니지렁이도마뱀은 이 녀석과는 완전히 반대였다. 어제 올리버가 우연히 발견하여 채집된 이 녀석은, 실제로 개체수가 적은 것이든, 아니

1, 2 녀석을 들고 있는 손과 비교해 보면, 늦센가는발가락개구리의 거대함이 얼추 가늠된다. 말 그대로 손바닥만하다.

3, 4 손바닥에 돋아난 것들은 육괴(혼인돌기)일 것이다. 수컷 개구리들은 암컷과의 포접 상태에서 육괴를 이용해 암컷의 배를 강력하게 압박하여 암컷의 산란을 유도하는데, 때로는 의도치 않게 암컷을 다치게 하기도 한다. 보통 번식기에만 돋아난다. 새하얀 늦센가는발가락개구리의 배면은 같은 과, 비슷한 크기의 다른 개구리와 구별할 수 있는 주요 키포인트 가운데 하나다.

면 워낙 얇아서 찾아내기가 힘든 것이든, 굉장히 희귀한 종임에는 틀림없다. 언뜻 보기에는 도마뱀보다도 오히려 지렁이나 새끼 뱀에 가까워 보였다. 그러나 자세히 들여다보면, 좁쌀만 하다 할지라도 이 녀석은 분명 발이 있는 도마뱀이다. 발이 얼마나 앙증맞은지, 움직이는 것을 보고 있자면 아장아장거리는 꼴이 깜찍하기 그지없었다. 이 녀석이 중요한 또 한 가지 이유는 과거 도마뱀에서 뱀으로 진화했던 중간형을 보여 주기 때문이라고 브린이 말해 주었다. 사실 이 종 자체는 이미 과거의 중간형으로부터 오랜 세월 진화해 왔으므로, 그 중간형 자체일 수는 없다. 과거의 중간형에서 널리 파생되어 나온 다른 종들과 마찬가지로 과거로부터 진화를 거듭해 온 현시점의 한 종일 뿐이다. 다만 이 녀석과 유사한 형태의 중간형이 과거에 존재했을 가능성이 있다는 것을 짐작할 수는 있다. 즉, 진화에 의해 과거의 조상과는 이미 다른 종이 되었지만, 과거의 조상을 반영할 수는 있다는 것이다. 나와 내 할아버지는 다른 사람이지만, 분명 어느 정도는 닮지 않았는가. 우리는 항상 이 점을 오해해서는 안 된다. 심지어 이렇게 앙증맞은 동물이 이

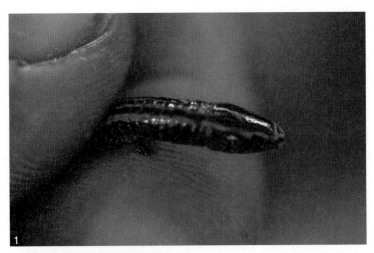

1 도르비니지렁이도마뱀의 좁쌀만한 다리

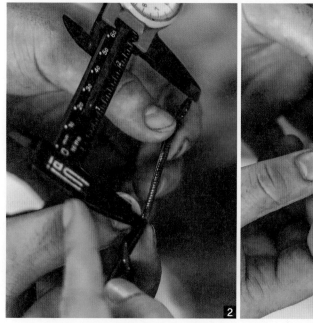

2 도르비니지렁이도마뱀을 측정하는 모습
3 도르비니지렁이도마뱀의 전체 형태를 보니 더욱더 지렁이나 뱀을 닮았다.

종만 있는 것도 아니다. 비슷한 종이 꽤 많아서 머리와 얼굴의 비늘 형태로 세밀한 동정을 해야 할 정도다. 이 종들이 모두 과거의 조상, 다시 말해 중간형으로부터 함께 진화되어 나온 녀석들일 것이다.

오늘은 내내 컨디션이 썩 좋질 않았다. 점심을 먹고 계속 침대에 누워 있느라 자주 있지 않은 포유류 조사 기회를 놓치고 말았다. 늦은 낮부터는 계속 비가 와서, 빗소리에 젖어 가만히 누워 있기에 좋았다. 현지인 학생 둘이 새로 와 우리 캠프에 잠자리를 폈지만, 나는 여전히 꿈속을 헤매느라 인사도 나누지 못했다. 아르헨티나 친구들에 이어 현지인 친구들까지 캠프 마루에 둥지를 트니, 이젠 마루가 사람으로 북적인다. 가만히 휴식을 취하기에는 너무 좁아져 버렸다. 며칠 전에 완전히 마루처럼 만든 부엌의 식탁으로 나의 휴식 공간을 옮겼다. 식탁에 앉아 미국 드라마를 보다가, 현지인 친구들이 찾아와서 뒤늦게 인사를 나누고 담소를 이어갔다.

1, 2 발이 정말 짧은 도르비니지렁이도마뱀. 이쯤 되면 가히 '도마뱀계의 닥스훈트'로 불릴 만하다.

저녁식사 후에는 다 같이 무쿠가 가져온 애니메이션을 보면서 카이만 악어 조사(Caimanning)에 관한 브린과 치키 아저씨의 결정을 기다렸다. 며칠 전부터 계획한 이 조사는 전적으로 보트 드라이버의 결단에 달려 있었다. 카이만악어를 조사하기 위해서는 악어들이 있는 곳 가까이에 보트를 정박해야 하는데, 보통 이런 곳은 일반적인 보트 선착장이 아니기 때문에 정박이 대단히 어렵다. 치키 아저씨나, 예전에 카이만악어 가이드를 했던 앨라드 같은 실력자가 아니고서는 어려운 것이란다. 그런데 요 며칠새 비가 계속 와서 강물이 상당히 불어 있는 데다, 비가 온 직후에는 거대한 도목들이 강을 떠다니기 때문에 보트를 몰기가 몹시 위험했다. 역시나 치키 아저씨의 대답은 "아직은 아니다"였다. 충분히 이해하면서도 아쉬운 마음은 어쩔 수 없었다. 기약할 수 없는 다음을 또다시 기다려야 했다.

어느새 슬슬 다음 도시 휴가를 생각할 때가 되었다. 나를 데리러 우리 팀이 도시로 나온 지도 한 달이 다 되어 가는 시점이다. 이곳의 최장기 인턴인 앰버가 떠나는 날이 가까워 오고 있기도 했다. 아직 다른 팀원들은 고민을 거듭하고 있지만 우선 나는 앰버가 공항으로 향하는 날, 도시로 나가 보기로 마음을 먹었다.

강 수위 대폭발!

새벽 5시부터 조사를 나가는 조류 팀 때문에 잠을 깊이 이루기가 힘들었다. 오늘 측정 대상은 어제 잡힌 어린 갈기숲두꺼비 한 마리, 이곳에서는 처음 잡힌 주홍다리나무개구리(Orange-shanked tree frog, *Dendropsophus parviceps*)가 무려 네 마리였다. 모두 한 물웅덩이에서 채집된 개체들이었다. 이 종도 그렇지만, 각각의 종은 그들만의 특정한 만남의 광장이 있다. 동시에, 서로 다른 종들이 서로 다른 번식 장소에 정확하게 모였다. 어떻게 그렇게 모임 장소를 서로 약속하는지, 혹은 서로 분별하는지 인간인 나에게는 참 신기할 따름이다. 그 저변에는 무언가 보이지 않는 생태학적 기제가 숨어 있는 것이 틀림없다. 이 생태학적 기제라 함은, 아마도 각기 다른 동물들이 지닌 저마다의 생태적 지위*에 의한 공존일 것이다. 각기 다른 종들은 그들만의 각기 다른 생태적 지위에 따라 이 생태 공간을 나누어 가진다고 볼 수 있다.

오늘은 별 일정이 없다더니 갑작스레 낮 조사를 나가게 됐다. 빨래를 하다가 급히 멈추었다. 사실 빨래를 제대로 할 수도 없었다. 요 며칠 쉴 새 없

● 포접 상태에서 잡힌 주홍다리나무개구리. 이 녀석들도 한창 번식기에 접어들 무렵이었다.

이 비가 퍼부어서 원래 빨래를 하러 가던 냇가는 이미 작은 강 수준으로 물이 불어나 있었다. 이 정도 수위라면, 한동안 빨래는 고사하고, 냇가 건너편에 있는 바이퍼 폴스 핏폴트랩도 확인하러 가기가 까다로울 것이다.

물이 불어난 곳은 이곳만이 아니었다. 드넓은 탐보파타강 본류도 수위가 높아졌다. 별 소득이 없던 조사를 마치고 오랜만에 휴대전화 신호를 잡으러 강가로 나왔는데 강 수위가 얼마나 불어났는지, 평소 신호가 잡히던 곳까지 강물에 잠겨 있었다. 강변의 흙 계단은 진즉 물속으로 사라져 버렸다. 과연 비가 오긴 왔나 보다.

조사가 우선이니 다녀와서 빨래를 마저 할 요량으로, 나는 비눗물 속에

* **생태적 지위**(ecological niche)
  각 종의 생김새, 먹이, 서식지, 행동 양식, 생존 전략과 그들 사이의 경쟁 및 공생 관계까지 그 종의 생태에 관한 모든 것이 어우러져 결정되는 '생태 공간(현실상의 공간을 넘어 모든 생태적 요소가 각기 축을 가지는 다차원적인 임의의 공간을 상상하자)' 상의 추상적인 자리라고 할 수 있다.

1, 2 주홍다리나무개구리는 그 이름에 걸맞게 앞다리의 겨드랑이 부근과 뒷다리의 허벅지 안쪽에 선명한 주홍빛 무늬가 특징적이다. 등면의 대리석 문양도 눈에 들어온다.

담가 둔 빨랫감들을 제쳐 두고 서둘러 조사에 합류했다. 허겁지겁 길을 나서느라 말 그대로 내 몸뚱이 하나만 챙겨 나왔다. 항상 가지고 다니던 물, 땀수건, 모기 퇴치제를 다 두고 나왔다. 그래서인지 모기떼가 어마어마하게 몰려들었다. 보통 비가 오면 모기들은 좀 잠잠해지기 마련인데, 오늘은 아침부터 비가 왔는데도 모기들이 아주 기승을 부렸다. 무방비 상태의 내 몸과 비 때문에 여기저기 생겨난 물웅덩이 덕분에 아주 신이 난 모양이었다. 솔직한 얘기로, 정말 고통스러운 조사가 아닐 수 없었다.

오늘 조류 팀은 새벽에 조사를 나가더니 웬일인지 낮에도 조사를 나갔다. 저녁 먹을 시간이 될 때까지 코빼기도 안 보이다가 우리 팀이 저녁식사를 끝낼 즈음이 되어서야 돌아왔다. 돌아와서는 하는 말이, 웬 박쥐를 잡아 왔다고 했다. 귀여운 박쥐를 상상한 것은 아니지만 그래도 이 녀석은 생김새가 완전히 '고블랭' 그 자체였다. 뾰족하게 솟은 코와 귀, 째려보는 듯한 눈이 영락없이 고블랭을 닮았다. 영화나 만화에서만 보던 딱 그 모습이다. 아니, 어쩌면 반대로 이 녀석을 모티브로 고블랭을 만들었는지도 모를 일이다. 고블랭은 길어야 고작 몇 백 년의 역사를 가진 상상의 존재이지만, 이 녀석은 적어도 수백만 년을 이 모습으로 살아왔을 테니까. 그렇게 생각하

3, 4 라울의 손에 붙들린 '고블랭 박쥐'. 정확한 동정은 자신할 수 없지만 엷은빛창코박쥐 (Pale spear-nosed bat, *Phyllostomus discolor*)로 보인다. 5 날개에 붙은 저것들은 기생충일까?

니 고블랭이 이 녀석을 닮았다고 하는 편이 더 옳은 것 같다. 아무튼 내겐 괴기하고 희귀한, 놓칠 수 없는 피사체였다.

오늘도 밤에는 다양한 날벌레가 날아들었다. 날개미, 하루살이, 사마귀, 그리고 거대한 바퀴벌레까지 특별히 찾아왔다. 내 옆 침대 이층에 위치한 무쿠의 잠자리는 전등 바로 앞이라 언제나 핫 플레이스다. 저 거대 바퀴벌레도 무쿠의 모기장을 빨빨거리며 돌아다니고 있다. 제발 내 잠자리로 들어오지만은 말아 주기를….

흰카이만악어의
주홍색 눈빛

표본 처리

포유류 선 조사를 위해 새벽 4시 반에 눈을 떴다. 일어나자마자 브린, 카라와 함께 숲길을 따라 걸으며 동물을 찾아 나섰다. 포유류 선 조사는 양서파충류 선 조사와 그 원리는 같아도, 관찰하는 거리가 훨씬 긴 데다 포유류들이 워낙 예민한 만큼 가급적 그들에게 들키지 않도록 천천히 나아간다. 포유류 조사에서는 직접 확인 가능한 동물의 실체뿐 아니라 동물들의 발자국, 울음소리, 분변 등 그들과 관련된 모든 흔적을 좇았다. 조사를 시작한 지 오래 지나지 않아 잿빛티티원숭이 두 개체군이 세력 다툼하는 소리를 들을 수 있었다. 캠프 뒷마당에서도 같은 소리를 여러 번 들은 적이 있었지만, 잿빛티티원숭이들은 서로에게 날카로운 소리를 내지르며 상대방이 침범하지 못하도록 각자의 영역을 보호하려 든다. 이 소리가 굉장히 공격적이어서 필사적인 전투를 연상케 한다. 이런 다툼 소리를 꽤 짧은 구간에서 두 번이나 들었다. 소리로 파악되는 개체군 크기와 위치로 보아 분명 같은 녀석들은 아니었다. 그 말인즉슨, 이 구간에서만 잿빛티티원숭이 개체군이 모두 네 무리나 있다는 뜻이다.

포유류 선 조사는 장장 두 시간 반 동안 진행되었다. 재규어 트레일, 아르마딜로 트레일을 거닐며 약 1.5km의 구간을 탐색했다. 아쉽게도 잿빛티티원숭이들 외의 실체나 발자국은 찾지 못했다. 내가 발자국으로 오인한 것들은 하나같이 굵은 빗자국으로 판명이 났다. 원래 양서파충류가 아닌 포유류를 전공했던 브린이 그들의 발자국에 익숙해 다행이었지, 내가 리더였더라면 발자국 기록만 수두룩하게 남겨 왔을 것이다. 캠프로 돌아오니 새벽 7시가 겨우 넘은 시점이었다. 따끈따끈하게 준비된 아침식사로 허기진 배부터 우선 채우고 곧바로 다시 잠자리에 들었다.

두 시간쯤 잤을까? 일어나서 오늘의 동정과 측정에 돌입했다. 페루흰입술개구리 아성체, 갈기숲두꺼비, 주홍다리나무개구리, 한 쌍의 브라질너트가는다리나무개구리(Chestnut's slender-legged tree frog, *Osteocephalus castaneicola*), 로랜드열대황소개구리 두 마리, 마드레디오스긴발가락개구리, 너무 작아 동정하지 못한 개구리 한 마리는 도둑개구리속인가 싶었지만 '개구리 동정 전문가' 무쿠의 의견은 *Leptodactylus* 속의 긴발가락개구리인 것 같다고 했다. 오늘의 동물 가운데, 브라질너트가는다리나무개구리는 한번쯤 짚어 볼 필요가 있는 녀석이다. 우선 외형적으로는 눈동자를 눈여겨봐야 한다. 위쪽 절반은 금색으로 빛나고 아래쪽 절반은 동색을 띤다. 이는 비슷하게 생긴 로켓나무개구리와의 차이점이기도 하다. 사실 그보다는 생태적으로 독특한 녀석이다. 브라질너트가는다리나무개구리라는 이름에서 느껴지듯이 브라질너트와 특별한 관계를 맺고 있다. 바로 브라질너트를 제 자식들의 보금자리로 삼는 것이다. 그런데 알을 그 안에 그냥 낳는 것이 아니다. 여기에는 브라질너트를 좋아하는 아마존 먹이그물의 최하위 초식동물, 아구티들이 조연으로 등장한다. 자, 이 아마존 생태 영화의 시나리오는 이렇다. 먼저 브라질너트라면 환장을 하는 아구티들이 열매 속의 씨만 빼 먹고 껍데기를 버린다. 그러면 여느 때와 다름없이 숲에는 곧 비가

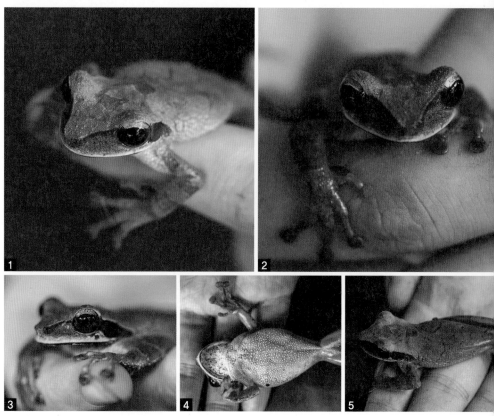

1~5 브라질너트가는다리나무개구리
3 위쪽 절반은 금색, 아래쪽 절반은 동색을 띠는 브라질너트가는다리나무개구리 눈동자
4 오돌토돌해 보이는 배면 5 특별한 무늬가 없는 등면

쏟아져 내리고, 이 껍데기 안에는 물이 들어차기 마련이다. 그리고 브라질
너트가는다리나무개구리들은 이때를 기다렸다가 그 안에 알을 낳는다. 브
라질너트는 꽤 무겁고 단단해서 웬만해서는 들어찬 물이 쏟아질 염려도 없
다. 녀석의 새끼들은 평온한 보금자리 속에서 안전하게 자라다가, 때가 되
면 이 자연친화적인 우물을 벗어날 것이다. 이 얼마나 정교하고 신비로운
생태적 관계인가! 브라질너트와 아구티, 폭우, 세 가지가 모두 풍부한 열대
우림이기에 가능한 자연의 조화가 아닐 수 없다.

아침부터 많은 스케줄을 소화했더니 나는 이미 피곤에 찌들었나 보

다. 잠든 기억도 없이 한참 동안 정신을 잃었다 깨어났다. 그런데 웬일인지 딜런이 와 있었다. 빈손이 아닌 것이, 웬 검은 봉지에는 묵직해 보이는 무언가가 들어 있는 듯했다. 게다가 주위에는 사람들의 관심이 집중되어 있었다. 호기심이라면 뒤지지 않는 내가 어찌 빠질 수 있겠는가. 검은 봉지에 든 것은 큼지막한 북부카이만도마뱀(Northern caiman lizard, *Dracaena guianensis*)의 사체였다. 어디서 구했는지 물어보았더니 고속도로 옆에 로드킬당해 있던 것을 표본화할 요량으로 데려왔단다. 꼬리가 잘려 꺾인 것을 빼고는 비교적 깨끗하게 죽어 있었다. 그럼에도 사체 특유의 썩은 냄새가 진동을 해서 다들 선뜻 가까이 다가가지 못했다. 오로지 파리와 날벌레들만이 신나게 사체 주변을 맴돌았다.

표본화를 위한 보존처리 과정은 디오넬이 주도했다. 그는 능숙하게 포름알데히드 용액을 도마뱀 사체에 주입하기 시작했다. 참기 힘든 냄새에도 아랑곳하지 않았다. 피를 제거하는 동시에 포름알데히드를 점점 체내에 채워 넣었다. 디오넬은 아르헨티나의 국립 박물관에서 6년간 실습하며 표본화 과정을 익혀 왔단다. 어쩐지 한두 번 해 본 솜씨가 아니었다. 사체를 통통하게 불릴 만큼 가득 채운 포름알데히드 덕분에 코를 자극하던 냄새도 점점 사그라져 갔다. 내게 이 과정은 소중하고 특별했다. 눈앞에서 처음 보는 표본화 과정인데다, 그 표본화의 대상이, 흔히 보기 어려우면서도 나의 눈길을 강렬하게 사로잡는 녀석이었기 때문이다. 카이만도마뱀이라는 이름답게 카이만악어를 똑 닮은 녀석의 등 돌기 외형에 눈을 의심해야 했다. 등이나 꼬리만 보아서는 작은 카이만악어라고 생각해도 전혀 이상하지 않았다. 더구나 딜런의 설명에 따르면, 물속이나 물가에 살면서 행동이나 생태적 특성도 카이만악어와 흡사하다고 한다. 오늘 내 카메라의 메모리 카드는 가히 카이만도마뱀이 독차지했다고 말할 수 있을 정도로 쉴 새 없이 셔터를 눌러댔다.

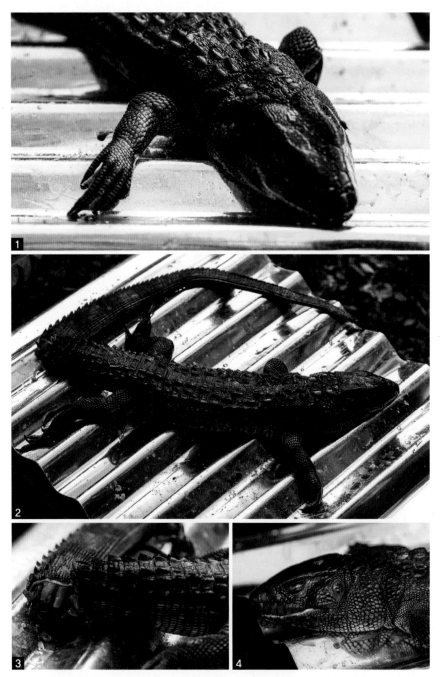

1 카이만악어와 비슷한 북부카이만도마뱀의 등면 돌기 2 꼬리의 패턴도 악어와 흡사하다.
3 로드킬로 두 동강 난 녀석의 꼬리. 아마 이로 인한 충격과 출혈 때문에 명을 달리했을 것이다.
4 피가 찬 듯 붉어진 머리

5 표본 처리 준비 6 비교적 부드러운 배면부터 포름알데히드 용액을 주입한다.
7 등면을 통해서도 포름알데히드 용액을 주입한다.
8 마지막으로 절단된 꼬리를 가지런히 고정한다.
9 표본 처리를 위해 포름알데히드 용액을 주입하는 디오넬

한참을 카이만도마뱀의 표본화 과정을 구경한 후에는 잠시 숨을 돌리기 위해 캠프 반대편으로 향했다. 그러나 이곳에서도 나는 숨 돌릴 새가 없었다. 화장실로 향하는 길목을 가로지르며 일렬종대의 잎꾼개미들이 열심히 나뭇잎을 나르고 있었던 것이다. 심지어 내가 서 있는 곳 바로 코앞의 나무에서 개미들은 쉼 없이 잎을 자르고 있었다. 나는 얼른 카메라를 가져와 귀한 순간들을 기록해 나갔다.

저녁에 디오넬의 생일 파티를 했다. 복숭아 통조림을 이용한 케이크를 다 함께 나누어 먹었다. 거기다 오늘은 맥주까지 함께했다! 어쩐지 어제 디오넬과 곤잘레스가 안 보이더니, 푸에르토말도나도 시내로 나가 오늘 마실 맥주 한 박스를 공수해 왔던 것이다. 맥주와 콜라, 허브티를 섞어 만든 아르헨티나식 신통방통한 술도 맛볼 수 있었다. 솔직히 디오넬과는 서로 말도 잘 통하지 않고, 아직 그리 친해지지는 않았지만 왠지 모르게 통하는 무

1, 2 열심히 잎을 잘라 나르는 잎꾼개미들. 잎꾼개미들은 굴속에서 버섯을 키워 먹이로 삼는다. 이 나뭇잎들은 버섯 재배를 위한 밑거름이 될 것이다.

3 잎꾼개미들은 잘라 낸 나뭇잎을 일렬로 줄지어서 집으로 나른다.

언가가 있다. 같은 분야에 있다는 것 이상의 친근함이 느껴진다. 배울 점, 자극받을 점도 많은 친구다. 그와 함께 있는 동안 나 역시 더욱 성장할 것이다.

카이만악어 조사 계획은 강 수위가 낮아질 때까지 당분간 잠정 중단되었다. 오늘은 모처럼 비가 많이 오지 않아 조금은 희망을 걸고 있던 차였다. 아쉬웠지만 어쩌랴, 자연이 허락해 줄 때까지 기다릴 수밖에. 내일은 새벽 4시부터 기대되는 일정이 있다. 일찍 잠자리에 들어야겠다.

스카이타워

새벽 4시에 눈을 떴다. 5시에 캠프에서 출발해야 하기 때문이다. 오늘은 인근의 로지(lodge)로 스카이타워 구경을 가기로 한 날이었다. 원래 관광객들에게는 상당한 비용을 받는다는데, 우리 연구 기관의 책임자인 크리스가 이곳 로지의 주인과 친한 사이여서 우리에게는 무료로 열어 주는 것이라고 한다. 굳이 마다할 이유가 없었다. 스카이타워 견학 일정이 잡히자마자 참여를 결정하고 설레는 마음을 남몰래 감춰 오던 참이었다.

여전히 비몽사몽 하는 사이, 우리 배는 로지에 다다랐다. 곧이어 로지 관계자들을 따라 스카이타워로 향했다. 스카이타워는 정글 한복판에 우뚝 서 있었다. 높이가 40m라고 하는데, 아래에서 올려다보면 끝이 보이지 않을 정도로 엄청난 높이였다. 어떻게 이런 밀림 한가운데에 이토록 큰 구조물을 설치할 수 있었는지 내 기준에서는 가히 세계 8대 미스터리나 다름이 없었다. 식량 나르기도 번거로운 이곳에 이 거대하고 수많은 자재를 어떻게 옮겨 와서 조립한 것일까? 나의 논리와 상상으로는 이해하기가 벅차다. 어쩌면 그만큼 '위대한' 돈의 논리와 인간의 욕망이 반영된 것일지도. 아니,

● 끝이 보이지 않을 만큼 높은 스카이타워

● 스카이타워에서 내려다본 정글의 수관층

혹여 자연 위에 군림하며 자연을 내려다보고자 하는 인간의 지배욕이 표상
된 것은 아닐지.

솔직히 높은 만큼 위험하긴 했다. 꼭대기에 올라 보니 생각보다 심하게
흔들려서 타워가 휘청거리는 것이 느껴질 정도였다. 타워를 고정·지지하
는 케이블도 수가 많지 않은 데다 그리 튼튼해 보이지 않아서 더 불안하기
만 했다. 다만 높은 곳에서 내려다보는 아마존 밀림의 수관은 그 모든 위험
을 감수할 만한 가치가 있었다. 아파트보다 높은, 구름처럼 펼쳐진 나무 지
붕들을 내려다보는 짜릿함. 마치 내가 이곳 정글의 지배자가 된 것만 같았

다. 하지만 아무래도 위험하긴 해서, 다섯 명씩 조를 나눠 오르느라 우리에게 주어진 시간이 길지는 않았다. 단 10분의 시간이었지만 정글의 꼭대기에서 있는 기분을 만끽하기에는 충분했다. 게다가 그간 구경하기 어려웠던 투칸, 즉 왕부리새도 멀리서나마 볼 수 있었다. 역시 찾는 눈이 좋은 올리버가 찾아 알려 주었다. 쌍안경으로 본 왕부리새는 낫처럼 생긴 주황색 부리를 가지고 있었는데, 그 큰 부리에서 뻗어 나오는 오라(aura)에서는 위압감마저 느껴졌다.

모두가 스카이타워 구경을 마칠 때까지 타워 아래에서 담소를 나누며 기다렸다. 문제는, 모기가 많아도 너무 많았다. 이 로지도 우리 캠프 기준으로는 강 건너편이어서 그런지 나탈리의 연구지처럼 습하고 늪지대가 많아 그만큼 모기들도 판을 쳤다. 하도 모기가 달려드니 나는 이제 모기를 놀잇감으로 삼기에 이르렀다. 날아다니는 모기들을 향해 손가락을 튕기며 마치 모기들의 심판자가 된 것 마냥 모기잡이에 나섰다. 아마존의 모기들이란 크기도 무지막지하게 커서, 허공을 튕기는 손가락에도 거짓말처럼 나가떨어진다. 그런 우리를 보던 치키 아저씨는 아마존에 모기가 많은 이유를 설명해 주었는데, 듣자 하니 원흉은 역시 폭우다. 폭우가 내리고 일시적으로 웅덩이가 생기면 암컷 모기들은 곧바로 알을 낳고, 이 알은 웅덩이가 마르기 전 고작 며칠 만에 다시 성체가 되어 생활사(life cycle)를 반복한다고 한다. 아마존에는 폭우가 잦으니 그만큼 생활사 주기도 빠를 것이다. 치키 아저씨가 알려 준 한 가지 더 신기한 사실은, 모기들이 피를 빨면 우리 혈액에 들어 있는 혈액 응고 성분들에 의해 모기 체내에서 피가 굳기 때문에 모기들은 알을 낳고 금세 죽는다는 것이다. 생명과학도로서 알지 못하던 사실이었기에 그만큼 새로웠고, 그럴싸하지만 당장 검증할 수 없었기에 갸우뚱하기도 했다. 아무튼 그만큼 모기들은 피를 빨아 먹은 후 재빨리 알을 낳는다는 것이 이야기의 골자였다.

1 무쿠의 손가락에서 열심히 피를 빠는 모기 한 마리. 붉게 불러 오른 배가 눈에 들어온다.
이 녀석은 아마존의 다양한 모기 종 중에서도 비교적 작은 축에 속했다. 가장 큰 종의 모기가
날개를 펼치고 날아다닐 때는 그 크기가 얼핏 엄지손가락만했다.
2, 3 스카이타워 주변에서 만난 '끼쟁이' 민물 게와 '특전사' 사마귀

스카이타워 구경이 완전히 끝나고 나서는 팀을 나누어 풋살을 시작했다. 아르헨티나 팀, 내가 포함된 양서파충류 팀, 조류 팀이 리그전처럼 돌아가면서 경기를 했는데, 결과는 불 보듯 뻔하게 아르헨티나 팀의 압승이었다. 양서파충류 팀과 조류 팀도 분투했으나 결국 우리 팀은 꼴등을 기록하고 말았다. 풋살이 끝난 이후의 체력적인 후폭풍은 엄청났다. 경기라고 해봐야 작은 코트에서 5분씩 네 경기를 뛰었을 뿐인데도, 그리고 중간 중간 쉬었음에도 불구하고, 여전히 숨이 막힐 정도로 힘들었다. 습도는 높고 햇볕은 강렬히 내리쬐는데 오랜만에 뛰어다니려니 고역이 따로 없었다. 물도 없고, 관리라고는 전혀 되지 않은 울퉁불퉁한 땅바닥 위에 고무장화를 신고 공을 차대니 그 괴로움이 더했다. 안 그래도 땀이 많은 나인데 쓰러지지 않은 것이 다행이었다.

캠프로 돌아왔을 때는 어느덧 점심시간이 되어 있었다. 말 그대로 더위에 녹초가 된 나는 허겁지겁 샤워실로 향했다. 온몸을 적신 땀을 씻어 내는 이 시원한 강물이, 내게는 꼭 성수처럼 느껴진다. 그러나 이 거룩한 세례 의식에도 불청객이 있었으니…. 허벅지에 묻은 비눗물을 닦아 내려는 찰나, 허벅지 안쪽에 웬 못 보던 피딱지가 눈에 들어왔다. 평소에도 딱지가 진 걸 가만 놔두지 못하는 성격이라 곧바로 떼어 내려는데 어쩐지 딱지가 떨어지지는 않고 허벅지 살이 같이 들려 올라왔다. 좀 더 힘을 내니 딱지가 뜯어지기는 뜯어졌다. 딱지가 맺혀 있던 자리도 벌겋게 피가 맺힌 게, 확실히 딱지를 떼어 낸 자리인가 싶었다. 아니, 그런데 무언가 이상했다. 딱지가 아등바등하는 게 아닌가? 자세히 보니 그것은 여섯 개의 다리였다! 이 움직이는 딱지는 나의 피딱지가 아니라 진드기의 등딱지였던 것이다. 나는 인정사정 볼 것 없이 냅다 손가락을 튕겨 등딱지를 떨쳐 냈다. 진드기가 날 물기 시작할 때도, 진드기에게 피를 빨리면서도 아무런 느낌은 없었지만 기분이 참 불쾌하면서도 동시에 신기했다(곧이어 가려움이 시작되면서 거의 몇 달을 고생했다). 떼어 낸 자리를 다시 보니 진드기의 구기(口器)가 내 살을 뚫고 들어간 자국이 벌겋게 남았다.

앰버에게 이 얘기를 했더니, 샤워실에서 많이들 진드기에 당한단다. 나역시 예외는 아니어서 나도 모르는 새 몇 번은 당했을 거란다. 그도 그럴 것이, 오랜만에 밝을 때 샤워를 했기에 내 눈에 띄었던 것이지, 밤에는 보고서도 몰랐을 것이다. 아마 평소에도 종종 물리지 않았으려나…. 진드기는 쥐도 새도 모르게 숙주에게 달라붙어서 자극을 주지 않고 필요한 만큼 피를취하고 난 뒤 떨어진다. 보통 털 많은 동물들 속에서 힘겹게 혈관을 찾아다니다 벌거숭이인 인간의 몸에 내려앉은 그 행운아는 속으로 얼마나 쾌재를불러댔을까. 진드기가 내 피에 아주 나쁜 병원균을 옮기지만은 않았기를바라야겠다.

다행히 이제 강 수위는 많이 낮아져서 전화 신호가 잡히는 곳까지 갈 수있었다. '무사히 잘 지내고 있느냐'는 엄마의 메시지를 받았다. 그리운 한국에서도 나의 간절한 생존 신고를 무사히 받았기를.

오늘은 다 같이 이른 아침부터 일정을 시작해서인지 오후에는 별다른일정이 없었다. 낮에는 식물을 공부하는 호주 아비의 주도로, 앰버와 영국아비, 카라가 사니팡가(Sanipanga, *Picramnia lineata*)라는 나무의 잎에서열심히 즙을 짜고 있었다. 사니팡가는 아마존의 현지인들이 천연 피부 회복제 겸 벌레 퇴치제로 유용하게 이용하는 나무다. 호주 아비가 나탈리에게 배워 와서 우리에게 가르쳐 주었다. 다만 사니팡가는 보라색 천연염료로 쓰이기도 하는 만큼 한번 바르면 한 5일 정도는 '보라돌이'로 살아야 한단다. 그래도 햇볕에 예민해진 피부와 벌레 물린 데에는 아주 효과가 좋다고해서, 나 역시 전에 개미가 물어뜯은 발뒤꿈치를 비롯해 모기에 난자당한손등에 사니팡가 즙을 듬뿍 발라 주었다.

사니팡가에 흥미가 떨어질 때쯤 부엌으로 자리를 옮겼다. 스페인어 공부에 관심이 많은 브린이 카테린과 대화 중이었는데, 나를 보더니 어서 와서 앉으라며 손짓을 한다. 카테린이 워낙 한국 드라마와 K-pop에 관심이 많아 그동안 나에게 말을 걸고 싶어 했다며 자신이 통역을 해 주겠다는 것이다. 이역만리 남미 페루, 그것도 아마존 한복판에서 한국의 대중문화 얘기를 하다니 꽤나 놀랍고 흥미롭지 않을 수 없었다. 그렇게 나와 카테린은 많은 얘기를 나누었고 브린은 스페인어를 익히는 좋은 기회가 되었다며 우리 셋은 '원-윈-윈'의 관계를 이루어 냈다. 옆에 있던 에리도 끼어들었다. 얘기를 하다 보니 에리는 본래 투어 가이드였고, 우리에게 푸에르토말도나도를 찾는 아시아인 관광객들에 대한 얘기를 해줬다. 에리가 들려준 보다 구체적인 통계에 의하면 이곳 푸에르토말도나도의 아마존을 찾는 한국인은 연간 다섯 명 정도에 불과하단다. 지금 내가 그 가운데 한 명인 것이니 한 해에 여행을 떠나는 전체 한국인 중에는 몇 퍼센트에 해당하는 것인지…. 감도 잘 오지 않는 수치다. 게다가 연구를 위해 이곳에 온 사람은 자신이 아는 바로는 내가 최초라고 하니 감히 스스로가 자랑스럽기 그지없다. '어글리 코리안'으로 이들의 기억에 남지 않도록 더 열심히 해야겠다는 책임감도 차오른다.

내일은 탐보파타 국립자연보호지구로 투어를 가기로 해서 역시나 오늘만큼 일찍 일어나야 한다. 어서 잠자리에 들어야겠다.

변덕의 강, 공포의 강

또다시 새벽 4시에 일어나 졸려서 아프기까지 한 눈을 비비며 5시에 길을 나섰다. 스카이타워가 있는 로지가 주관하는 탐보파타 국립자연보호지구(Tambopata National Reserve) 가이드 투어를 하러 갔다. 어제와는 달리 모두가 함께 가지 않고, 나와 신디아, 올리버, 카라, 영국 아비, 아르헨티나 친구들 셋, 이렇게 해서 여덟 명만 투어를 신청했다. 230솔, 한화로는 약 75,000원가량 하는 투어 가격이 만만치 않았던 탓이다. 치키 아저씨도 함께 우리를 마중 나온 로지의 보트를 타고 탐보파타강 상류를 향해 30분을 거슬러 올라갔다. 필라델피아 선착장도 훨씬 지나, 더 이상 인간의 흔적이 보이지 않는 곳에 이르러서야 배는 시동을 껐다. 강가에 배를 세우고 제대로 된 계단도 갖추어지지 않은 경사진 길을 가이드 아저씨 혼자 성큼성큼 올라갔다. 위에는 탐보파타 국립자연보호지구로의 출입을 통제하는 관리사무소가 있는데, 이곳에서 비자를 확인하고 통행 허가를 내준다. 잠시 후 가이드 아저씨가 돌아오더니 다행히 아무 문제없이 잘 해결되었다고 했다. 딱히 문제 될 것이 뭐 있었겠느냐마는.

상류를 향해 30분을 더 들어가고 있는데… 이럴 수가, 비가 오기 시작했다. 부슬부슬 오는가 싶더니 이내 세차게 돌변했다. 투어의 중간 기착지쯤 되는 섬에 급히 배를 정박하고 비가 그치기만을 기다렸다. 시간은 오전 7시가 가까워지고 있었다. 얼추 아침 먹을 시간도 되어서 해가 나오기를 기다릴 겸 우선 아침식사를 했다.

아침식사를 마치고 약 세 시간을 더 기다렸다. 슬슬 피곤도 몰려오고 다들 지쳐가기 시작했다. 점점 말수는 줄어 가고 대화도 끊기는데, 비는 여전히 그치지 않았다. 끝내 가이드 아저씨는 철수를 선언했다. 아무래도 오늘은 날씨가 따라 주지를 않는다며, 자연의 위력은 어쩔 수 없으니 다음에 다시 날짜를 맞춰 보고, 아직 지불되지 않은 금액은 환불을 해줄 수 있단다. 역시 아마존의 자연은 호락호락하지 않다는 것을 다시 한 번 체감했다. 돌아가는 길에는 결국 가방 속에 고이 잠자고 있던 우비를 꺼냈다. 우비 말고는 배 안으로 들이치는 비를 막을 방도가 없었다. 쾌속으로 달리는 배 위에서 맞는 비바람은 마치 안면과 전신을 강타하는 듯했다. 돌아가는 길까지, 아마존의 자연은 쉽사리 우리를 놓아주지 않았다.

하늘은 또 어찌나 야속한지 우리가 캠프에 도착하자마자, 기다렸다는 듯 햇살이 쨍하고 내리쬐는 것이 아닌가. 배 위에서 조금만 더 기다려 볼걸…. 그러나 어쩌랴? 이미 지나간 일이었다. 이 또한 인간이 통제하지 못할 자연의 모습이었다. 그리고 나는 더 이상 아무런 기력이 남아 있질 않았다. 완전히 지치고 말았다. 컨디션 조절을 핑계 삼아 침대 위에 뻗어 버렸다. 내 침대 바로 앞에서는 마루와 부엌을 잇는 통로 위에 지붕을 올리는 공사가 한창이었지만, 나는 아랑곳없이 깊은 잠에 빠져들었다.

너무 이른 아침에 일정을 시작해서였을까. 잠을 자고 일어나도 점심이 지나지 않은 시간이었다. 허기진 속에 든든히 점심을 챙겨 먹고 브린, 무쿠, 영국 아비와 같이 낮 조사를 나갔다. 네 명이 총 세 개의 선 조사를 진행했지만 아무런 소득도 얻지 못했다. 그러나 이미 우리에겐 귀하디귀한 거북이가 있었다. 초입의 물웅덩이에서 발견한 녀석이었다. 거북이는 워낙 움직임도 없고 서식지를 잘 떠나지 않는다. 서식지에서마저도 표면에서는 보기가 어렵거나 돌과 구분이 쉽지 않아서 찾기가 극히 어려운 동물이었다. 가이드북에도 서식이 파악된 종이 많지 않다고 나온다. 직접 본 우리도 모두 스스로의 눈을 의심했다. 엄청난 행운이었다! 아침에는 얼씬도 않던 오늘의 운이 모두 이 녀석에 깃든 것만 같았다.

이 거북이의 종명은 휘는목거북이(Twist-necked turtle, *Platemys platycephala*)로, 애완동물로도 활발히 거래되는 종이었다. 이름이 말해 주는 것처럼 다른 거북이들이 일반적으로 머리를 등갑 속에 쏙 집어넣는 것과는 달리, 이 거북이는 머리를 휘어서 등갑 안쪽에 구부려 넣는다. 거북이를 측정할 때 한 가지 특이한 점은 코부터 총배설강까지의 길이가 아니라 등갑의 길이를 측정한다는 것이다. 다들 거북이 등갑 측정은 처음이다 보니 측정에 앞서 잠시 혼선을 겪기도 하였다. 아무튼 이 녀석에 대한 이야기로 돌아오면, 휘는목거북이는 목의 힘이 대단했다. 사건은 이랬다. 동정에 이어 측정까지 마치고 이 귀한 손님을 그냥 보낼 수 없어 다들 기념사진을 찍던 중에 우연히 녀석이 뒤집어졌고 누가 먼저랄 것도 없이 모두 (못된) 호기심이 발동했다. 무슨 일이 벌어질지 일단 관찰해 보자는 것이었다. 그런데 곧 놀라운 일이 벌어졌다. 휘어지는 목의 힘으로 스스로 몸을 뒤집은 것이다! 저러다 목이 꺾이지나 않을까 걱정이 될 정도로 거의 튕겨 올라오다시피 몸을 뒤집었다. 그만큼 이 녀석의 목은 놀라울 만큼이나 힘이 셌다. 목의 힘만으로 전신을 뒤집는 녀석이 신기하기는 했으나 그렇다고 마냥 괴롭힐 수는 없는 노릇이었다. 곧 다시 천주머니에 넣어 그늘진 곳에 두었다.

이 습한 아마존 밀림에서 도대체 내게 무슨 일이 일어난 건지, 요새 눈가와 입술이 트고 건조해져서 꽤나 고생을 하고 있다. 오죽 심각했으면 카

1, 2 늠름한 자태의 휘는목거북이. 검은색과 노란색의 예쁜 색깔 배합을 가졌다.
3 이렇게 목을 휘어서 집어넣기 때문에 '휘는목거북이'라는 이름이 붙여졌다.
4 뒤집어진 채 땅에 누워 있던 녀석은 슬그머니 목을 빼더니 살금살금 움직이다가
5 준비하시고 6 쏘세요!

라가 먼저 나서서 보습 크림을 빌려 주겠다고까지 할까. 그 고마운 성의를 생각해서라도 써 보아야겠다. 타들어 가는 듯한 열대의 햇살에 흘러넘친 내 땀이 문제였는지도 모르겠다. 땀으로 젖은 목에서 땀이 증발하며 건조해진 것일까. 어쨌든 땀띠나 아토피가 분명하다. 근처에 피부과가 있으리라고는 상상도 할 수 없고, 앞으로 지낼 날도 아직 많은데, 이렇게 걱정거리만 또 하나 늘었다. 부디 이번 말썽만은 오래가지 않으면 좋으련만.

저녁에는 드디어 기다리고 기다리던 카이만악어 조사를 나가게 되었다. 저녁을 먹고 치키 아저씨가 낭보를 전해 준 것이다. 며칠간 하늘 높은 줄 모르게 차오르던 강 수위가 이제는 좀 잠잠해졌다고 한다. 다만 배 안에서의 작업 여건을 고려해야 하기 때문에 선택받은 단 일곱 명, 곧 캠프를 떠나는 아르헨티나 친구들 셋, 신디아, 호주 아비, 카이만악어를 능숙하게 다룰 줄 알며 이번이 마지막 카이만악어 조사가 될 앰버, 그리고(아주 운이 좋게도) 나까지만 배에 오를 수 있었다.

수위는 낮아졌을지 몰라도 물살은 여전히 사나웠다. 카이만악어를 찾기 위해서는 물살을 거슬러 오르면서도 속력을 높일 수는 없었다. 브린이 뱃머리에 서서 손전등으로 강 이쪽저쪽을 샅샅이 비춰 가며 악어들의 눈빛을 찾아내야 하기 때문이었다. 물론, 여기에 쓰이는 손전등은 일반적인 것들보다 몇 배는 밝아서 100m 거리의 강 건너편까지도 비출 수가 있다. 그럼에도 이 빛을 반사하는 악어들의 눈이 그리 크지 않고(자연의 배경 속에서는 그렇다는 말이다), 악어들은 기본적으로 수풀 사이에 숨어 있거나 물속에 몸을 숨기고 있기 때문에 찾기가 쉽지 않다. 이런 조사자를 위해 보트 드라이버는 상당히 미묘한 속도 조절을 계속해야 한다. 더구나 악어들이 어디 배 대기 쉬운 곳에만 머무르랴. 일단 찾은 악어를 잡아채기 위해서는 평소 배를 대지 않는, 그야말로 험준한 지대에 배를 정박해야 한다. 베테랑인 치키 아저씨가 아니고서는 믿고 맡기기 힘든 역할이었다.

그렇게 치키 아저씨의 부드러운 운전 속에 브린은 여기저기 불빛을 비춰가며 약 한 시간 동안 빛나는 악어의 눈을 찾아내려 홀로 사투했다. 여러 명이 함께 불빛을 비추면 오히려 교란이 되기 때문에 불빛은 단 한 줄기밖에는 쓸 수가 없다. 마침내 브린이 고대하던 '아이샤인(eyeshine)'을 발견해 몇 번 배를 대 보면 정작 악어가 아니라 거대한 개구리인 경우가 다반사였다. 우리는 점점 상류를 향해 나아갔다. 암흑 속에서 탐보파타강을 탐험하는 것은 오늘이 처음이었는데 낮과는 완전히 색다른 느낌이었다. 햇빛 아래에서는 평화롭게만 느껴지던 강이, 밤에는 나를 잡아먹을 것만 같은 공포로 느껴졌다. 그런가 하면, 모순적이게도 밤하늘의 별들은 너무나 밝게 빛나고 있었다. 강이 주는 공포에 질린 나를 별들이 포근히 감싸 안아 주는 것만 같았다.

'너무 멀리 떠나온 것이 아닌가?' 하는 생각이 들면서, 다들 조금씩 지쳐 갈 즈음, 드디어 진짜 카이만악어를 만났다! 흰카이만악어(White caiman, *Caiman crocodilus*), 혹은 안경카이만악어(Spectacled caiman)라고 부르는 비교적 작고 온순한 종이다(사실 우리 연구 기관은 이 종만을 지속적으로 조사했다. 검은카이만악어(Black caiman, *Melanosuchus niger*)도 탐보파타강에 널리 서식해서 간혹 함께 조사하긴 하지만 매번 잡아다 조사하기에는 너무 포악한 녀석이었다). 악어잡이에는 이제 도가 튼 브린과 앰버가 잽싸게 배에서 뛰어내려 겁도 없이 멍 때리고 있던 녀석을 낚아챘다. 긴박한 순간이었다. 다들 입이 바짝 타들어 가는 긴장 속에 아무런 소리도 내지 못했다.

돌아온 앰버의 손아귀에는 악어의 주둥이가 붙잡혀 있었다. 몸부림을 치지 못하도록 브린이 몸통을 부여잡고, 건너편에 앉아 있던 디오넬이 주둥이에 신속하게 테이프를 둘러 결박했다. 우리에게 주어진 시간은 단 10분이었다. 악어가 과도한 스트레스를 받지 않도록 10분 내에 모든 조사 작업

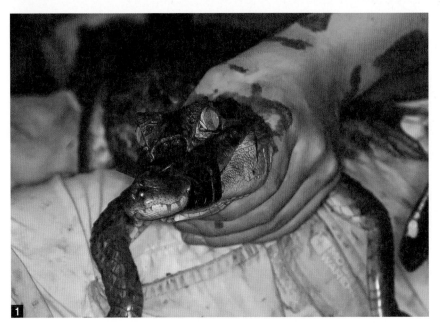

1 흰카이만악어의 주홍색 눈빛. 칠흑 같은 어둠 속에서 본 녀석의 눈빛은 두려우면서도 반가웠다.

을 끝마쳐야 했다. 나의 역할은 빠르고 정확하게 모든 정보를 기록해 넣는 것이었다. 나는 GPS 좌표부터 기록했고, 동시에 앰버와 브린이 체장을 재는 것으로 조사가 시작됐다. 그리고는 전신에 걸쳐 상처와 기생충 유무를 파악하고 큰 자루에 넣은 뒤 손저울에 달아 몸무게를 측정했다. 그다음이 하이라이트였다. 개구리나 도마뱀과 같은 다른 작은 동물들에게는 보통 하지 않던 작업이다. 바로 핏태그를 체내에 삽입하는 일이었다. 이를 통해 같은 개체가 재포획됐을 때 그동안의 이동 경로, 행동 반경 등을 알아낼 수 있다. 또한 표지 방법이 되기도 하므로 표지-재포획 방법*을 이용한 개체군 크기 파악에도 이용할 수 있다. 주사기처럼 생긴 주입기를 이용해 고유 코

* 표지-재포획 방법(mark-recapture method)
  동물들을 잡아 표지하고 방사한 뒤 다시 동물들을 잡아 그 가운데 이 표지가 부착된 개체수의 비율을 통해 전체 개체군 크기를 추정하는 방법이다.

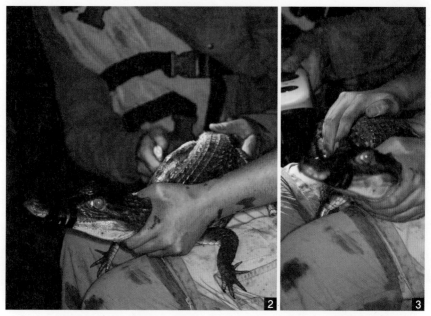

2 핏태그를 주사하여 삽입한 뒤. 3 삽입한 핏태그가 정상 작동하는지 수신기로 확인하고 있다.

드가 부여된 핏태그를 주사해 넣었다. 핏태그 삽입 후 수신기에 확실히 인식이 되는 것까지를 확인하고(짧은 기념촬영 시간도 가지고) 난 뒤에야 녀석은 풀려났다.

우리가 찾은 카이만악어는 그 한 마리가 전부였다. 더 이상 찾지 못했다. 경험 많은 앰버와 브린은, 평소엔 보통 20마리, 적어도 10마리씩은 찾아서 잡았는데 아직은 수위가 충분히 낮아지지 않아서 악어들이 물속에만 머무르는 것 같다며 못내 아쉬워했다. 많은 이에게 처음이자 마지막이 될 카이만악어 조사를 '성황리에' 치르지 못해서 괜히 미안해하는지도 모르겠다. 아무튼 나는 아쉬웠지만 그럼에도 여전히 즐거운 경험이었다. 오래도록 행복한 기억으로 남을 것만 같다.

동정 시험

오랜만에 하루의 첫 일과를 동물 측정으로 시작했다. 늦센가는발가락 개구리, 얼룩무늬나무개구리, 다홍치마나무개구리 두 마리, 두줄긴코나무 개구리, 페루흰입술개구리, 노란발가락나무개구리 두 마리가 그 대상이었 는데, 오늘의 측정은 조금 특별했다. 바로, 나를 포함해 카라와 영국 아비까 지 (비교적) 새로 이곳에 합류한 인턴들이 동정 및 측정 시험을 보는 날이기 때문이다. 임의로 주어진 개구리에 대해 정확한 근거를 가지고 동정할 수 있는지, 그리고 제대로 된 방법으로 측정할 수 있는지 그동안 보고 배운 것 을 시험해 보는 것이었다. 나의 시험 문제는 얼룩무늬나무개구리여서 다리 의 얼룩무늬와 더불어 (점박이나무개구리와는 다르게) 얼룩무늬 없이 깨 끗한 배면으로 쉽게 동정할 수 있었다. 다리에 얼룩무늬가 있는 개구리는 얼룩무늬나무개구리와 점박이나무개구리 두 종이 있지만, 배면에 얼룩무 늬 여부로 두 종을 판별할 수 있다. 그러나 아비의 시험 문제인 노란발가락 나무개구리는 아비와 나 모두에게 내적 갈등을 일으켰다. 둥그런 발가락을 보니 분명 나무개구리의 한 종류인 것까지는 알겠는데 그 이상 추측을 이어

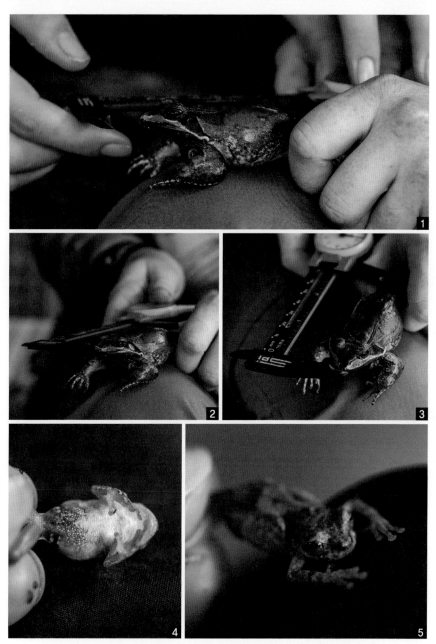

1~3 긴발가락개구리속의 중대형 개구리인 페루흰입술개구리의 SVL을 재는 모습을
여러 각도에서 찍어 보았다. 점액질에서 나쁜 냄새가 나기 때문에 이 녀석이 잡힐 때면
다들 하나같이 손대는 것을 피하려고 무진 애를 썼다. 어쩌면 아주 지혜롭고 효율적인
이 녀석만의 생존 전략일지도 모르겠다. 4, 5 노란발가락나무개구리의 배면과 등면

가지 못했다. 동정의 키(key)인 오렌지색 발가락에 대해 제대로 알지 못했던 탓이다. 우리가 계속 긴가민가하고 있으니 결국 브린이 와서 답을 가르쳐줬다. 아비나 카라보다 일찍 이곳에 온 만큼 더 많이 알고 있다고 자신했는데 자만이었나 보다. 역시 아직은 배울 것이 더 많다.

아, 그러고 보니, 오늘은 페루의 또 다른 아마존 도시인 이키토스(Iquitos)에서 10년간 양서파충류를 익혀 온 현지인 전문가와 현지인 학생 하나가 팀에 합류했다. 현지인 학생은 낮부터 조류 팀을 따라 조사를 시작했고, 양서파충류 전문가 아저씨는 당연히 우리 팀에 들어오는 줄 알았는데 나탈리의 식물 팀을 도우러 왔다고 한다. 아직 이곳에 대해 배울 것이 수두룩하다는 점을 생각하면 그가 우리와 함께 해야 내게 더 좋았을 텐데, 괜히 아쉽다.

이제 강의 수위가 전만큼 낮아졌다. 간만에 빨래를 하러 갔더니 그새 못 보던 뗏목 하나가 떠 있었다. 저번에 빨래터로 놓아두었던 나무판자들이 떠내려가 버려서 아예 물에 떠 있도록 뗏목을 만들어 묶어 둔 것이었다. 전혀 허술하지 않게 두꺼운 통나무를 가져다 만들어 놓았다. 참… 이곳 사람들은 기발하고도 대단하다. 빨래를 위해 뗏목까지 만들어 띄워 둘 생각을 하다니. 이제 떠내려갈 걱정은 없어서 뗏목이 좋기는 한데, 물에 떠 있다 보니 그 위에서 균형을 잡기가 힘들다는 단점이 있었다. 서 있기는 물론 가만히 앉아 있기도 힘들고, 옷을 헹구려 몸을 숙이면 뗏목도 덩달아 몸을 숙여서 빨래하기가 여간 고된 게 아니었다. 아무튼, 이제 다시 냇가에서 빨래를 할 수 있게 되어 한시름 놓았다.

빨래를 끝내고 캠프에 돌아오니까 그 사이 캠프에 남아 있던 이들은 캠프 근처에서 아마존초록아놀도마뱀(Amazon green anole, *Anolis punctatus*)을 잡아 두었고, 강 건너에 다녀온 디오넬은 수리남뿔개구리(Surinam horned frog, *Ceratophrys cornuta*) 두 마리와 황록나무도마뱀을 잡아 왔다.

수리남뿔개구리들은 여태 꼬리가 짧게 남은 아성체였다. 녹색과 갈색의 한 쌍이었는데 디오넬의 말로는, 녹색이 수컷, 갈색이 암컷이라고 한다. 이 녀석들은 눈꺼풀에 돋아난 뿔 같이 생긴 돌기도 특징이지만, '팩맨(Pac-man, 미로 안에서 괴물을 피해 쿠키를 먹는, 노란색의 입만 있는 게임 캐릭터)'이라는 별명에서 알 수 있듯이 커다란 입 또한 특징이다. 한 장소에서 미동조차 없이 매복하며 먹이를 기다리다가, 먹이가 눈앞을 지나가는 순간 커다란 입을 벌려 잽싸게 먹이를 낚아챈다. 순간적으로 낚아채는 만큼 무는 힘도 상당하단다. 새로운 동물들이 어느 정도 모였으니 기다릴 것도 없이 바로 측정에 돌입하여 모두가 모여들었고 카메라도 함께 모여들었다. 스포트라이트는 역시 수리남뿔개구리들의 몫이었다. 이 녀석들보다는, 같은 속의 다른 뿔개구리들이 전 세계적인 애완 개구리(?)로 유명하지만 내 눈에는 이녀석도 그에 못지않은 매력이 느껴졌다.

1, 2 귀엽기 짝이 없는 수리남뿔개구리 한 쌍. 얼굴과 등의 무늬도 꽤나 다채롭다.

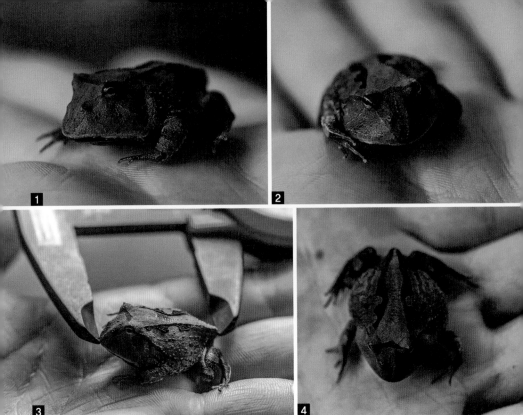

1, 2 수컷도 독특한 아름다움이 있다. 이렇게 보니 눈매의 뾰족한 뿔이 잘 보인다.
3, 4 이 녀석들은 기회주의적 사냥 전략을 쓰다 보니, 평소에도 별다른 움직임을 보이지 않는다. 손 위에 올려 자유롭게 두어도, 캘리퍼로 몸길이를 측정하며 괴롭혀 보아도 영 움직일 생각을 하지 않았다. 덕분에 우리는 다루기가 수월했다.

바이퍼 폴스로 핏폴트랩 확인을 금세 다녀와서 잠시 숨을 고르는데 갑자기 큰 비가 쏟아지기 시작했다. 하루 종일 해가 쨍쨍하더니 저녁 즈음하여 날씨가 급변한 것이다. 역시 아마존의 날씨는 좀체 예측할 수가 없다. 나만 그런 게 아니라, 다들 신기해서 너 나 할 것 없이 휴대폰과 카메라를 가져와서는 사진과 동영상으로 매서운 빗줄기를 기록하기 바빴다. 인공적인 음악이 울려 퍼지지 않는 이곳에서는 매서운 빗소리마저 귓가를 간질이는 좋은 음악이 되어 준다. 빗소리를 배경음악 삼아 다 같이 카드 게임을 하며 좀 더 가까워지는 시간을 가지게 되니 참 좋았다.

5, 6 비가 오죽 무섭게 쏟아지면 사진으로도 굵은 빗줄기가 선명하게 찍힌다.

1. 2 다들 갑작스레 쏟아지는 폭우가 신기해서 구경을 나왔다. 각자 사진도 찍고 이렇게 모여 두런두런 담소도 한바탕 나누었다.

밤에는 야간 조사를 위해 길을 떠났다. 새벽에 진행된 포유류 조사로 지친 브린과 카라, 컨디션이 좋지 않은 무쿠는 함께 할 수 없었다. 대신 브린이 앰버에게 오늘의 야간 조사에 대한 지침을 전해 주었다. 로깅 트레일과 페커리 트레일로 오가며 기회 조사와 선 조사를 하라는 것이었는데 이 지침이 그녀의 마음에 들지 않았던 것일까, 앰버는 그리 내키지 않는 눈치였다. 고무장화가 물에 젖어 졸아들었다며 선뜻 발걸음을 내딛지 않았다. 솔직히 나도 그리 내키지는 않았다. 이 두 트레일에는 가 본 적이 없었지만 이전에 무쿠가 부시마스터를 마주친 곳이 하필이면 가는 길목에 있었기 때문이다. 오직 영국 아비만이 어서 조사를 나가고 싶은 마음에 들떠 있었다(역시 아비는 언제나 열정이 넘친다).

순서는 로깅 트레일을 따라가다가 길 중간에 위치한 연못들을 확인하고 페커리 트레일에 진입하여 그 길을 따라 선 조사 구역으로 가는 것이었다. 앰버의 말을 들어 보니, 아마도 로깅 트레일에서 페커리 트레일로 넘어가려면 한창 폭우에 불은 개울을 건너야 하는 모양이었다. 앰버는 물에 젖고 싶지 않다며 가는 내내 불만이 가득했다(솔직히 나도 그리 몸을 적시고 싶지는 않았다. 꼭 건너야 한다면 어쩔 수 없는 셈치고 개울에 들어갈 요량이었다). 불행인지 다행인지 오랫동안 발길이 끊겼던 그 개울은 물만 불어난 것이 아니라, 수풀이 무성히 자라서 길 자체가 사라져 버렸다. 앰버는 '이때다' 싶었는지, 안타까움이 가득한 표정을 지으며 돌아갈 수밖에 없겠다고 '비보를 빙자한 낭보'를 전했다. 마침 빌려 쓰고 나온 나의 헤드랜턴도 금세 꺼져 버렸다. 결국 우리는 로깅 트레일에 있는 연못들만 확인하고 서둘러 돌아와야 했다. 내가 찾은 개구리 한 마리와 개구리 아성체 한 마리, 앰버가 추가한 개구리 한 마리를 채집한 것을 끝으로 캠프에 복귀했다. 왠지 모르게 하루가 불편하게 끝나 버린 것만 같다.

모기 물린 데
개미 산인 격

어젯밤 앰버, 영국 아비와 함께 우여곡절을 겪으며 잡아 온 동물은 이젠 제법 익숙한 다홍치마나무개구리, 노란발가락나무개구리로 동정되었다. 올챙이치고는 꽤 큰 크기에서 아성체로 변태 중인 마지막 한 녀석은 도저히 동정할 수가 없었다. 그저 등과 입술의 무늬, 그 크기로 보아 약 20cm까지 성장하는 거대 개구리 종인 늦센긴발가락개구리나, 남미황소개구리로 더 잘 알려진 잿빛정글개구리(Smoky jungle frog, *Leptodactylus pentadactylus*)의 아성체가 아닐까 추측해 볼 뿐이었다. 이 두 종은 등과 입술의 무늬가 유사해서 정확한 종을 판별하려면 배면의 색, 배 옆면의 색, 등의 줄무늬가 몸을 따라 길게 이어지는 양상을 확인해야 하는데, 완전한 성체가 되어야만 그것이 가능하다. 어쨌든 이 거대한 개구리의 변태 중인 아성체를 잡았다는 것은 자못 희귀하고 의미 있는 일이 아닐 수 없었다.

아침을 먹은 후 바이퍼 폴스 핏폴트랩을 확인하러 갔다. 전날 내린 비로 트랩 안에는 빗물과 진흙이 가득 차 있었다. 내가 해야 할 일은 잡힌 동물을 확인하고 트랩 안의 빗물과 진흙을 퍼내는 것이었다. 다행인지 불행인지

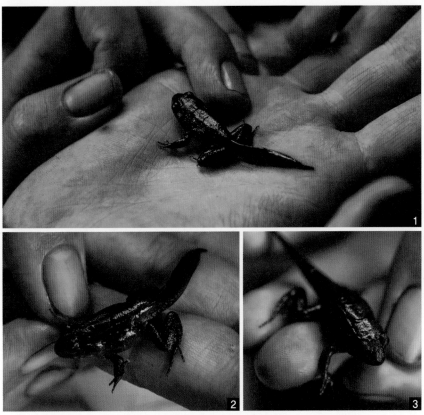

1 너는 누구냐…. DNA를 검사할 수 없는 이곳에선, 잿빛정글개구리의 아성체가 맞을지는 키워 보아야만 알 것이다. 2, 3 팔다리가 모두 나온 이 녀석은 이제 상당 부분 아가미가 아닌 피부와 폐로 호흡을 하고, 통통한 꼬리는 녀석에겐 그저 지방 공급원일 뿐이다.

잡힌 동물, 혹은 빠져 죽은 동물은 없었다. 이제까지의 경험으로 비추어 보건대, 트랩에서 빗물과 진흙을 비우는 작업은 오래 걸리고, 불편하고, 고된 작업이다. 결코 얕지 않은 트랩 앞에 꿇어앉아, 한 손으로는 나 자신의 무게를 견디며 몸을 숙이고, 다른 손을 깊이 뻗어 바닥까지 진흙을 긁어내야 했다. 그러다 보면 땀은 금세 비 오듯 쏟아져 온몸을 적시기 일쑤였고, 각종 모기들의 손쉬운 먹잇감이 되기 십상이었다. 한 차례 심호흡을 내쉬고 어쨌든 작업을 시작해야 했다. 천만다행히도 빗물이 들어찬 곳은 네 개의 트랩 중에서 두 군데뿐이어서 그 두 곳만 어서 작업을 끝내면 되었다. 그러나 역시 작업은 고되었다. 시작한 지 얼마 지나지도 않아서 내 옷은 이미 땀으로 범벅이 되었고 거대 모기들로 집중포화가 됐다. 내 팔과 손은 모기 물린 자국들이 부어올라 만신창이가 됐다. 쉼 없이 주사기를 꽂아대는 느낌이었다. 풍선마냥 팽창한 모기들의 배는 또 얼마나 징그러운지. 작업을 마치자마자 부리나케 그 자리를 벗어났다.

내가 모기들에게 대량 습격을 당하는 사이 앰버는 너클 헤드 핏폴트랩에서 투구머리나무개구리를 잡아 왔다. 이 녀석은 나무개구리지만 지상에서 생활하다 보니, 워낙 희귀함에도 불구하고 장기간 트랩을 설치해 두면 이렇게 발견이 되나 보다. 다시 보는 나에게도 물론 신기하긴 했지만, 이 녀석을 처음 보는 아르헨티나 친구들은 그 신기한 투구 모양 머리에 특히나 환장을 했다. 바나나 잎을 뜯어 와 그 위에 올려 두고 사진을 찍지를 않나, 아예 캠프 밖으로 데리고 나가 자연 상태에서 사진을 찍지를 않나, 다들 촬영 삼매경에 빠졌다. 어느샌가 캠프에 와 있던 딜런도 투구머리나무개구리를 보며, 이곳에서 한참 개구리를 찾아다녔던 자신도 처음 보는 희귀한 녀석이라며 굉장히 신기해했다(그는 이 녀석을 두 번이나 찾은 우리를 더 신기해했다). 이 녀석을 포함해 트랩에서 잡혀 온 갈기숲두꺼비, 로랜드열대황소개구리 두 마리는 곧바로 측정을 끝냈다.

주간 조사는 마지막 남은 방형구 조사였지만 역시 모기들에게 엄청 물어뜯기기만 했을 뿐 소득이 없었다. 어제 브린의 연구 계획도를 보고 난 이후, 이곳의 연구에 대해 좀 더 깊은 인식을 가질 수 있었다. 먼저 방형구 조사는 제한된 영역을 조사 구역으로 설정하고 이루어지는데, 그 안에 10m ×10m로 총 72개의 격자를 설정한다. 다만 이 72개 격자 전부를 조사하는 것이 아니라 36개를 무작위로 골라 방형구를 두르고 조사를 진행한다. 그리고 그 마지막 36번째 방형구가 오늘 조사할 방형구였던 것이다. 이곳에서의 방형구 조사는 이것으로 완전히 끝이 나는 셈이다. 그리고 나서부터

1, 2 바나나 잎 위에 올려 둔 투구머리나무개구리. 많은 도감 속 사진의 전말이다.

는 강 건너편에서 똑같이 조사 구역을 설정하여 방형구 조사를 시작할 계획
이었다. 또 한 가지 알게 된 사실은, 선 조사도 마찬가지로 제한된 영역에서
이루어진다는 것이었다. 나의 짧은 생각으로는, '이렇게 제한된 영역에서
만 조사를 진행하면, 현 연구지인 시크릿 포레스트 전체에 대한 선 조사 데
이터를 얻을 수는 없지 않나? 연구지 전반에 대해 데이터를 얻으려면 선 조
사 지역을 한곳에 몰아 두지 말고, 다양한 형태의 서식지로 군데군데 나눠
두어야 하는 것이 아닌가?' 하는 비판적 감상이 스쳤다. 곧바로 브린에게
물어보았더니, 이전부터 해 왔고 앞으로도 해 나갈 방법대로, 한 영역의 개
체군 밀도를 측정하고 비교하기 위함이란다. 연구 기관의 책임자인 크리스
가 이전부터 해 온 방식이어서 일관된 데이터 비교를 위해서는 이전까지의
방식을 따라야 한다는 것이다. 물론 비교 연구를 위해서는 연구 방법의 일
관성이 가장 중요하기 때문에 이미 늦은 것은 어쩔 수 없지만, 아무튼 내 생
각으로는 이전부터 다르게 해 왔어야 하는 것이 아닐는지.

오늘따라 앰버는 못 보던 금빛 팔찌를 차고 있었다. 꼭 원더우먼이 끼는
팔찌 같아서 농담 반 진담 반으로 그 용도를 물어보았더니, 정맥까지 쉽게

관통할 수 있는 아나콘다의 긴 송곳니로부터 손목을 보호하기 위한 것이었다. 애들 장난감인 줄만 알았던 이 광택 나는 팔찌가 생사를 가를 수 있는 도구였을 줄이야. 사실 나는, 이곳이 아무리 아마존이라 해도 아나콘다의 흔적을 전혀 보지 못한 터라 의아한 표정만 짓고 있었다. 브린의 말로는, 아마 이곳은 아닐지라도 강 건너 구역이나 근처의 탐보파타 국립자연보호지구에는 분명히 있을 것이란다(아니나 다를까, 내가 한국에 돌아온 지 2주 만에 그들은 결국 강 건너에서 아나콘다를 찾았다는 기쁜 소식을 전해왔다).

　우리가 식탁에 앉아 이런저런 이야기를 나누고 있으니 로사 아주머니가 처음 보는 과일을 맛보라며 건넸다. '와바'와 '사보테'라는 과일이었는데 와바는 맛도 모양도 그냥 긴 콩 같아서 별 감흥이 없었지만, 사보테는 거칠거칠한 코코넛 같은 느낌에 우리나라 감과 비슷한 맛이어서 꽤나 먹을 만했다. 여담이지만, 호주 아비의 식물도감 덕분에 그동안 너무나도 궁금했던 플랜틴과 바나나의 차이도 드디어 알게 되었다. 무슨 이유에서인지 이곳 페루에서는 바나나는 생으로 먹어도 플랜틴은 꼭 가열 조리를 해서 먹었다. 하지만 호기심으로 먹어 본 생 플랜틴의 맛도 썩 나쁘지 않았다. 솔직하게는 오히려 바나나보다 먹기 좋았다(포만감 때문인가?). 맛도 비슷하고 보기에도 그냥 바나나와 큰 바나나인 줄로만 알았는데 알고 보니 둘은 비슷하지만 서로 다른 과일이었다. 더 정확히 말하자면 플랜틴은 바나나와는 다른 품종으로 그 종명이 달랐다. 그러나 아무리 종이 다르다고 해도 내게는 그게 그거였다. 둘 다 맛있었다. 과연 열대우림에는 그 이름답게 참 요상한 과일도 많은 모양이다.

　저녁에는 선 조사를 나갔다. 매일 야간 조사 때마다 헤드랜턴을 빌려야 하는 나는, 보통 브린의 것을 빌려 왔지만, 그나마도 고장이 나서 오늘은 호주 아비에게 신세를 지게 되었다. 강력한 헤드랜턴 빛 덕분일까, 브린과 팀을 이룬 조사 중에 나는 나무 기둥에 붙어 있던 중대형의 초록색 도마뱀을 쉽게 발견했다! 초록색과 회색의 절묘한 조화로 수피와 흡사한 보호색을 띠고 있던 녀석을 단번에 발견한 것이다. 매일 어두운 랜턴 빛 때문에 별 활약을 하지 못하던 나는, 날아오를 듯한 기쁨에 앞서가던 브린을 곧장 불러 세웠다. 녀석은 야생에서는 처음 보는 목도리나무도마뱀으로, 그동안 몇 번 봤던 황록나무도마뱀과 같은 속의 이구아나류 도마뱀이다. 'Tree runner'라는 이름처럼 나무를 어찌나 잽싸게 '달려' 올라가는지, 브린이 녀석에게 불을 비추자마자 나무 저만치 위로 도망가 우리의 시야에서 사라졌다.

그런데 목도리나무도마뱀을 놓치고 돌아서는 그 순간, 내 목뒤에서 이상야릇한 찌릿함이 느껴졌다. 총알개미나 야행성 말벌 같이 무언가 아주 좋지 않은 벌레에 물린 것이 틀림없었다. 불길한 예감이었다. 통증은 점차 등과 가슴, 허리 언저리까지 번져서 나는 온몸을 배배 꼬며 꼬집어야 했다. 혹여나 심각한 문제가 될까 겁이 나, 이마에서 식은땀이 줄줄 흘러내렸다. 브린에게 계속 따끔거린다고 호소했더니 아마 개미일 것이라며 태연한 표정으로 어서 죽이라고만 했다. 브린의 말에 따끔함이 느껴지는 부위를 꽉 쥐어 짜 봤다. 역시나 무언가 잡히는 게 있어서 찌릿찌릿한 모든 곳을 잡아 뜯었다. 꺼내 보니 역시 개미였다. 조사가 끝나고 다시 만난 무쿠와 앰버가 "윤(Yoon, 외국인 친구들은 내 이름 '종윤'을 발음하기 힘들어서 곧잘 '윤'이라고 부르곤 했다), 너 전기개미(Electric ants)한테 물렸다며?"라기에 이 못된 개미를 '전기개미'라 부른다는 사실을 알게 되었다. 어쩐지… 전기에 쏘이는 듯한 찌릿함이더라. 알고 보니 나 이외에도 브린, 무쿠, 앰버 모두 같은 곳에서 같은 녀석들에게 당한 경험이 있었다. 진즉 내게도 주의를 주었으면 얼마나 좋았을까. 괜히 그들이 원망스러웠다.

돌아가는 길에 목도리나무도마뱀을 다시 한 번 만났다. 활동적인 아까의 녀석과는 다르게 이 녀석은 수피 속에서 숙면 중이었다. 같은 속의 황록나무도마뱀보다 훨씬 큰 크기에 나도 모르게 놀라 버렸다.

앰버와의 마지막 조사

아침식사로 밥 튀김이 나왔다. 쌀을 튀긴 게 아니라 정말 평소 먹던 밥을 뭉쳐 튀긴 것이었다. 남미에서는 흔한 음식 '또레하'라고 한다. 마치 해시 브라운처럼 케첩과 잘 어울려 맛이 굉장히 인상적이었는데, 우리나라에서는 맛본 적이 없는(적어도 나는) 음식이다. 왜 쌀로 만든 별의별 음식이 다 있는 쌀의 나라 한국엔 이렇게 맛있는 쌀 요리가 없는 것일까? '밥심'이라는 말처럼 밥 자체를 훨씬 선호하기 때문일까?

오전에 핏폴트랩을 확인하러 갈 때 즈음 누군가 아이디어를 냈다.

"바이퍼 폴스 트랩을 확인하려면 내를 건너야 할 텐데, 지금은 물이 너무 많아. 어차피 물에 쫄딱 젖을 거면 차라리 수영을 하자!"

옆에서 그 말을 듣던 보니와 에리도 어제 불어 오른 냇물에서 수영을 하고 왔다며 의견에 힘을 보탰다. 더구나 다들 핏폴트랩을 확인하러 가기는 귀찮아하는 눈치였다. 그렇게 나, 앰버, 무쿠, 브린, 호주 아비, 영국 아비, 카라, 카테린까지 여덟 명이 물놀이를 떠났다. 불어 오른 물과 그간 내린 비로 가는 길은 이미 진창이 되어 있었다. 샌들이 진흙에 미끄러지거나 내리

박혀 매 걸음이 여간 고역스러운 게 아니었다. 결국 샌들을 포기하고, 이곳에 와서 처음 맨발로 흙길을 걸으며 아마존의 감촉을 몸소 느꼈다.

냇물 위에 묶어 두었던 뗏목 마루는 우리의 물놀이에 중요한 부분이 되었다. 우리는 구경만 하겠다는 카테린을 제외하고 세 명씩 팀을 짰다. 놀이의 규칙은 이러했다.

1. 양 팀은 뗏목 마루를 경계로 공을 주고받는다.
2. 이때, 남은 한 명은 뗏목 마루 위에 서서 그 공을 가로채야 한다.
3. 가로채기에 성공하면, 원하는 팀의 한 사람을 지목해 자리를 바꾼다.

뗏목 마루는 완전히 물에 뜨기 때문에 그 위에서 균형을 잡는 것만도 쉽지 않았다. 쨍한 햇볕에 덥기도 무척 더웠다. 물속에 무엇이 있을지 모르는, 약간의 두려움이 상존하는 상황에서도 나는 차라리 물속이 좋았다. 개천 바닥의 차가운 진흙에 서린 촉촉함, 잘못 디뎌 어느 이름 모를 나뭇가지에 찔릴 때의 따가움, 작은 개천의 그 모든 것들이 아마존의 자연에 완연히 녹아든 듯한 느낌을 주었다.

점심 무렵이 되면서 기온은 33℃를 훌쩍 넘겨 햇살이 굉장히 따가웠다. 더위를 피하고자 청한 낮잠도 이 더위 때문에 포기해야 했다. 우리나라엔 청금강앵무라는 이름으로 널리 알려진 블루앤옐로우마카우(Blue and yellow macaw, *Ara ararauna*)들은 이 무더위에도 지치지 않는지 끊임없이 지저귀고 있었다. 근처에 둥지를 틀었는지, 날아다니는 모습도 자주 보인다. 금강앵무들의 재잘거리는 듯한 울음소리를 들으면 들을수록 느끼지만, 그 유려한 외모와 정말 배치(背馳)되는 것만 같다.

내가 더위에 두 손 두 발 다 들 때 즈음 거짓말처럼 구름이 끼기 시작했다. 정작 비는 오지 않고 슬슬 시원해지더니 적절한, 아니 아주 이상적인 날씨가 됐다. 마침 강 건너로 넘어갔던 디오넬이 돌아왔다. 어제는 우리에게

5m나 되는 나무 사이를 점프했다는 대단한 아마존초록아놀도마뱀 사진을 자랑하더니 오늘은 2m가 넘는 거대한 노란꼬리크리보뱀(Yellow-tailed cribo, *Drymarchon corais corais*)을 잡아 들고 찍은 사진을 자랑했다. 노란꼬리크리보뱀은 아마존에 서식하는 큰 종 중 하나여서 솔직한 얘기로 부럽기는 굉장히 부러웠다. 사진 속 디오넬처럼 그 녀석을 잡아 들쳐 멜 배짱까지는 없었지만, 가까이서 얼굴이라도 봤다면 얼마나 좋았을까. 아직도 다들 더위에 지쳤는지 한바탕 사진 구경이 끝나자 금세 또 축 처졌다. 앰버를 필두로 영어권 친구들이 갑자기 한국어를 궁금해해서 저녁식사 전 남는 시간을 빌어 "감사합니다"와 "죄송합니다"까지 나름 성의껏(?) 가르쳐 주었다.

오늘 밤 조사는 앰버에게 마지막이었다. 앰버가 그토록 바라고 바라던 큰 뱀을 직접 잡기 위해 오늘의 조사 콘셉트는 '뱀 쫓기'였다. 그렇게 우리는 이전에 부시마스터가 출몰했던 부시마스터 방형구 조사 구역으로 향했다. 시작부터 분위기는 좋았다. 초입에서 아비가 아놀도마뱀을 하나 잡았고, 얼마 더 지나지 않아 무쿠가 목도리나무도마뱀을 찾았다. 머리 높이 한참 위의 가지에 누워 자고 있던 녀석은 빛을 비춰도 미동도 하지 않았다. 높은 곳에 위치한 녀석을 잡기 위해, 우리의 움직임은 체계적인 계획하에 이루어졌다. 가장 키가 컸던 내가 영국 아비의 뱀잡이 갈고리(snake hook)를 뻗어 가지를 치자 목도리나무도마뱀이 떨어졌고, 낙하지점을 예측해 사방에 포진해 있던 모두가 합심하여 포획했다. 완벽한 협동이었다. 그런데 기쁨도 잠시, 도마뱀이 떨어짐과 동시에 앰버에게는 총알개미가 떨어져 붙었나 보다. 앰버의 옷 위로 큼지막한 개미가 탐색 중인 것을 내가 발견했다. 모두가 숨죽이며 긴장하였으나, 다행히 아비의 순간적인 스냅으로 떨쳐 낼 수 있었다. 앰버로서는 하마터면 정글에서의 마지막 날, 잊지 못할 고통을 기억에 아로새길 뻔한 순간이었다.

이후는 한동안 소강상태가 이어졌다. 뱀을 잡겠다고 뱀들이 좋아할 만

1∼5 아마존초록아놀도마뱀 4, 5 아마존초록아놀도마뱀의 등면과 배면. 등이 전체적으로 싱그러운 초록색을 띤다. 푸르른 나무를 닮은 몸통과 꼬리의 무늬가 재미있다.

한 늪지대도 일부러 찾아갔지만 상당히 넓은 지대가 이미 잎꾼개미에게 점령당해 있을 뿐이었다. 아마 내가 동물이었어도 이 잎꾼개미의 대군은 본능적으로 기피하지 않았을는지. 늪지대에서부터는 앰버 팀과 브린 팀, 두 팀으로 나누어 수색을 이어 갔다. 다시 두 팀이 모였을 때, 내가 함께한 브린 팀은 소득이 없었지만 앰버 팀은 거대 개구리인 늦센긴발가락개구리 한 마리를 잡아 왔다. 그렇다고 내가 아무런 소득도 올리지 못했느냐. 그렇지는 않았다. 나는 늪지대 수색이 끝나갈 때쯤 개울을 지나 아놀도마뱀 한 마리를 찾아 나름의 성과를 올렸다.

부시마스터 방형구 조사 구역을 끝내고, 로깅 트레일을 거쳐 산란지로 향했다. '믿고 가는' 산란지에는 역시나 개구리가 많았다. 내가 얼룩무늬나무개구리를 하나 채집하고, 그 외에도 몇 마리 더 잡아 왔다. 돌아가는 길에는 드디어 브린이 뱀을 발견했다. 앰버가 원하는 만큼의 거대 뱀은 아니었지만 이 귀엽고 온순한 고양이눈뱀도 뱀은 뱀이다. 큰 뱀을 찾지 못한 대신 앰버는 그동안 벼르고 벼르던 거대 목도리나무도마뱀을 잡았다. 종종 벌어진 수피 사이에서 잠을 자고 있던 바로 그 녀석이었다. 평소보다는 조금 내려왔다지만 역시나 꽤 높은 위치에 있던 터라 영국 아비의 갈고리를 또 빌려야 했다. 목도리나무도마뱀은 항상 같은 자리를 고수해서 이 나무를 지나갈 때마다 앰버가 벼르던 차였다. 결국 저녁 9시 반에 떠났던 여정은 세 시간 반이 지난 새벽 1시가 되어서야 마침내 끝이 났다. 아마존에서의 6개월간의 조사가 끝나는 그 순간, 앰버는 어떤 심정이었을까?

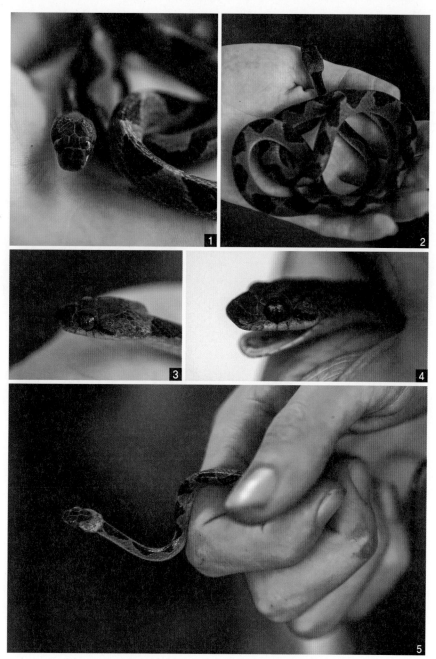

1~5 살기라고는 느껴지지 않는, 동그란 눈의 고양이눈뱀. 몸통에 있는 세모꼴의
줄무늬 때문에, 그리고 다른 고양이눈뱀과 구별하기 위해 줄무늬고양이눈뱀
(Banded cat-eyed snake)이라고도 한다.

기부와 낭비 사이

어젯밤 '앰버의 마지막 조사'라는 거대한 이벤트를 치르며 채집해 온 동물이 많은 탓에, 오늘 아침에 측정할 동물이 많았다. 측정 전 또 거두어 온 핏폴트랩의 동물까지 합치니 측정에 꽤 오랜 시간이 걸렸다. 얼룩무늬나무개구리, 카라바야도둑개구리(Carabaya robber frog, *Pristimantis ockendeni*), 라이클도둑개구리, 다홍치마나무개구리 두 마리, 갈기숲두꺼비, 눗센긴발가락개구리, 날씬이아놀도마뱀 두 마리, 목도리나무도마뱀 두 마리, 황록나무도마뱀에다, 핏폴트랩에 잡혀 있던 로랜드열대황소개구리까지. 긴 시간 다 같이 동정과 측정에 몰두하면서, 오히려 서로 의견을 나누는 시간을 가질 수 있었다. 그리고 그 사이에 끼어 있던 나는 덕분에 새로운 지식들을 주워 담았다.

먼저 같은 속으로 생김새가 비슷한 두 거대 개구리, 눗센긴발가락개구리와 잿빛정글개구리의 구분 방법이다. 우선 이 둘은 배면의 색이 확연히 달랐다. 눗센긴발가락개구리는 배면이 새하얀데 반해, 잿빛정글개구리는 새까만 색에 흰색 반점 얼룩이 가득했다. 또 눗센긴발가락개구리는 잿빛정

1, 2 카라바야도둑개구리의 얼굴과 등면. 역삼각형 꼴의 발가락판이 *Pristimantis* 속임을
증명하지만 워낙 무늬와 체색의 변이가 심해 이 속 내에서의 동정 포인트는 특별히
일컫기 어렵다. 다만 이 개체처럼 등면에 W자 무늬가 나타난다면 비교적 동정이 수월하다.
3~5 라이클도둑개구리는 허벅지 뒤쪽의 오렌지색 점 무늬로 쉽게 동정할 수 있다.
게다가 이 개체처럼 등면에 뒤집어진 V자 무늬가 나타난다면 더욱 확실하다.

1, 2 대형 개구리인 늦셋긴발가락개구리의 몸통 측면과 배면. 잿빛정글개구리와는 달리
새하얀 배면과 옅은 색의 등면을 보이고 있으며 몸통 측면에는 주황색의 체색이 나타나는 것이
특징이다. 3 '남미황소개구리'라고도 불리는 잿빛정글개구리의 채도 높은 잎술 무늬
4 아직 어린 성체임에도 진홍색 눈동자와 등면 무늬가 매력적인 잿빛정글개구리.
몸통 측면에 특별한 체색이 보이지 않는다.

5, 6 잿빛정글개구리의 등과 배면. 배면에는 새까만 바탕에 흰 점이 흩뿌려진 무늬가 있다.

7 조금 더 성장한 잿빛정글개구리 어린 성체. 다른 개구리와 비슷한 사이즈이지만 성인 얼굴만한 크기까지 자라는 이 종을 생각해 보면 아직 어린 개체이다. 마찬가지로 몸통 측면에는 특징적인 체색이 나타나지 않는다.

8, 9 조금 더 성장한 잿빛정글개구리의 등면과 배면

글개구리와 달리, 등면의 세로줄 무늬가 몸통 끝까지 이어졌고 몸통 측면
이 붉은 오렌지색을 띠어 잿빛정글개구리와는 명확하게 구별되었다. 두 번
째로는 아놀도마뱀의 성별 판별에 관한 내용이었는데, 수컷 아놀도마뱀은
목 아랫부분으로 늘어나는 살(dewlap)이 있어 쉽게 알 수 있다고 한다. 다른
수컷과의 경쟁이나 암컷을 유혹하는 데에 사용하는 것이라곤 하지만, 아직
단 한 번도 본 적이 없어 나는 알 수 없었다. 이번에 잡은 두 마리의 날씬이
아놀도마뱀도 목 밑으로 쳐지는 살이 없는 걸 보니 암컷인가 보다. 괜히 짙
은 아쉬움이 든다. 마지막으로는 항상 논란거리였던 *Plica* 속 나무도마뱀들
의 목에 있는 검은 반점의 정체였다. 그동안은 황록나무도마뱀의 경우 목
옆에, 목도리나무도마뱀의 경우 목 아래에 있어 두 종을 판별하는 기준으
로 여겨졌으나, 오늘 두 종을 모두 놓고 보니 똑같이 목 옆에 검은 반점이 있었
다. 즉, 이는 동정의 포인트가 아니었다. 그저 동물의 감정 상태, 혹은 스트
레스 여부를 보여 주는 하나의 생체 지표에 불과하지 않나 싶다.

　아, 오늘은 그동안 거의 한 달을 함께 지낸 신디아가 떠나는 날이었다.
한창 측정을 마칠 때쯤 미리 짐을 싸둔 신디아가 이별의 인사를 건네어 왔
다. 우리 연구 팀의 인원이 지금처럼 많아지기 전부터 함께했고, 내가 처음
이자 마지막으로 갔던 조류 조사 때에도 함께했던(그래서 우연히 만난 아
르마딜로에 함께 흥분했던) 그녀가 이제 떠난다니 섭섭한 마음을 감출 수
가 없었다. 워낙 친절하기도 하고 여러모로 내게 도움을 주었던 그녀였기
에 더욱 그랬다. 그러나 어쩌겠는가. 이곳은 끝이 보이는 시한부 만남이 계
속되는 곳인 것을. 나의 미래가 또한 그렇듯, 이곳에서의 그녀는 오늘로써
정해진 임무를 마쳐야 했다. 내가 전해 줘야 할 사진들을 다리 삼아 이곳 이
후에도 인연이 계속되기를 바랄 수밖에.

　낮에는 브린, 카라와 함께 너클 헤드 핏폴트랩을 보수하러 갔다. 네 개
의 트랩 중 가장 앞에 위치한 1번 트랩이 문제였다. 비가 조금만 많이 왔다

1 얼굴만 봐도 이구아나가 떠오르는 이구아나류의 목도리나무도마뱀

2, 3 등면이 수피를 닮아 한눈에 녀석을 찾아내기가 그리 쉽지 않다.

1, 2 강아지나 고양이처럼, 녀석도 배를 살살 문질러 주니 퍽 얌전해졌다.

하면 땅 밑으로 불어난 빗물에 둥둥 뜨기 일쑤였다. 우리가 해야 할 일은 1번 트랩의 위치를 약 3m 정도 옮기는 것이었다. 먼저 트랩을 뽑아내고, 각자 작업을 분담했다. 나는 수동 굴착기를 이용해 주변에서 파 모은 흙을 원래의 구덩이에 채워 넣었다. 그 사이 브린과 카라는 새로 구덩이를 팔 공간을 내고 있었다. 근처의 나뭇가지들을 쳐내고 바닥의 뿌리 일부를 잘라 냈다. 그렇게 약 한 시간에 걸쳐 구덩이를 메우고, 울타리를 옮겨 심을 길을 내었다. 이제부터는 세 명의 합동 작업이 이어질 차례다. 새로운 구덩이를 파는 것이었다. 대형 플라스틱 통을 묻으려면 구덩이가 꽤 커야 한다. 혼자서는 절대 못할 일이다. 아니, 셋이서도 하루 만에는 절대 못할 일이었다. 결국 오늘은 반 정도만 파고 다음으로 미루어야 했다. 일단 셋 모두 더위와 피로에 나가떨어졌고, 어느새 굴착기도 부러져 있었다. 그래도 두 시간이 채 못 되는 시간 동안 꽤 많이 한 것 같기는 했다.

이어서 카라와 나는 바이퍼 폴스 트랩으로 향하고 있었는데… 어라? 웬 희한한 생명체와 눈이 마주쳤다. 분명 엄청난 '베이비 페이스'의 원숭이였다. 그동안 여기저기서 주워들은 지식에 의하면 이 생명체는 바로 갈색카푸친원숭이(Brown capuchin, *Cebus apella*)다! 브린에게 들은 바로는 이렇게 애기 얼굴을 하고 있어도 다 큰 어른이라는데, 믿을 수가 없을 만큼 귀여운 외모였다. 사진으로 저장하고 싶었지만, 수중에 카메라가 없는 것이 한스러웠다. 녀석도 수줍음이 많은지 금세 모습을 감추고 말았다.

바이퍼 폴스 트랩에는 오전에 빠져 있던 거대 타란튤라가 여전히 자리를 지키고 있었다. 타란튤라는 독성이 있어서 오전에 내가 손수 꺼내지 못하였고, 스스로 타고 올라오길 기대하며 튼튼한 나뭇가지만 하나 걸쳐 두었는데 녀석은 빠져나올 생각이 아예 없었나 보다. 카라는 처음 보는 본인 얼굴만한 거미에 신이 나서 열심히 카메라 플래시를 터뜨렸다. 이렇게 놔두고 가면 큰비에 익사할지도 모르기에 이번에는 적극적으로 녀석을 구출해 주었다. 나뭇가지에 녀석이 타고 오르기를 유도해서 가까운 수풀에 조심히 내려놓았다. 고급스러운 검은 빛깔을 두른 커다란 몸집에, 과묵하기까지 한 타란튤라는 제법 매력적이었다.

오늘도 다들 축구를 하자며 근처의 로지로 옮겨 갔다. 나는 바이퍼 폴스 트랩을 확인하고 와서는 이미 한차례 샤워를 한 데다 지난번의 고생스러웠던 경험이 떠올라 힘찬 응원만 보냈는데도 축구는 역시 재밌었다. 남미의 강호 출신답게 아무래도 아르헨티나 팀이 합도 잘 맞고 기본적으로 월등했으나, 이곳에서 승패는 결코 중요한 것이 아니었다. 지금 이 순간 모두가 함께하고 있다는 것, 그것이 진정 중요한 것이었다. 주변의 다른 지역 숲에 사는 친지들, 동료들도 한데 모여 어울리니 그 훈훈한 온정에 바라만 보아도 좋았다. 해가 지기 시작하면서 축구를 끝내고도, 한 배에 올라 기념사진도

● 이곳에선 공터가 곧 축구장이 되고 대충 꽂아 둔 나무 막대는 골대가 된다.

1 한치의 양보도 없이 치열한 승부가 벌어지는 아마존의 축구 현장
2, 3 축구장 근처에 핀 레드진저 꽃과 카카오 열매

4 노을 지는 축구장. 공터에 남아 있는 나무 한 그루가 운치를 더해 준다.

찍으며 마지막까지 다 함께 즐겼다.

저녁이 되자 조류 팀은 장장 두 시간에 걸친 시험을 치렀다. 조류의 발목에 가락지를 부착할 수 있는 자격증을 부여하기 위한 시험이었다. 겹겹이 다양한 깃털을 지닌 조류는 측정할 데이터도 그만큼 다양한 데다, 조류 가락지는 연약한 발목에 부착해야 하고, 각 지역마다 정해진 색 조합이 있어 철새들의 이동 경로 파악에 핵심이 되기 때문에 특별히 자격증까지 있는 모양이었다. 왜 양서류나 파충류에 대해서는 아무런 자격증이 없는지…. 괜히 부러운 마음이 들었다.

조류 팀 시험이 끝나고 저녁식사까지 마친 뒤에야 라울이 드디어 도시의 사무실과 통화를 하고 왔다. 내일 일정을 조율하기 위함이었다. 내일은 곧 떠날 앰버를 따라 도시로 나가는 날임과 동시에, 며칠 전 포기했던 탐보파타 국립자연보호지구를 재탐사할 가능성도 있는 날이었다. 그곳을 들어가기 위해서는 최소 네 명 이상이 모여야 하는데, 당시 함께했던 올리버와 아르헨티나 친구들이 곧 떠날 예정이었기 때문에 사실상 내일이 마지막 기회다. 이른 새벽에 그곳을 다녀와서 도시로 나가면 힘들기는 할지라도 가능한 일정이었다. 더구나 라울이 제안했던 일정이었기에 그의 통화 결과가 더욱 궁금했다. 그러나 돌아온 그의 답변은 그리 반갑지 못했다. 내일 재탐사는 어렵다는 이야기였다. 대신 예정보다 일찍 도시로 나가기로 했다는 것이다. 내가 욕심이 많은 것이었을까. 나는 도시에 조금 늦게 나가게 되더라도 다시는 경험하기 힘들 탐보파타 국립자연보호지구를 거닐어 보고 싶었다. 형언할 수 없는 애석함이 사무쳤다. 운이 없어도 너무 없었다. 게다가 전에 지불했던 비용마저도 환불이 안 되는 분위기였다. 사실 나는 이미 이 비용을 아마존의 자연 보전을 위한 나의 기부금으로 여기며 긍정적으로 받아들이고 있었다. 일부러라도 내야 할 기부금을 이렇게라도 내게 되어 기쁘다고 생각하고 있었다. 다만 내겐 합리적인 명분이 필요했다. 우리 돈으로 거의 6~7만 원에 달하는 금액인 데다, 이 돈은 나의 학교로부터 '지원'받은 금액이었기 때문이다. 그래서 나는, 우리가 끝내 입장하지 못했기 때문에 사무소에 냈던 입장료는 돌려받을 수 있다는 얘기를 당시 가이드로부터 들었던 기억을 되새겨 주장했다. 하지만 올리버의 이야기는 달랐다.

"그때 가이드도 날씨는 어쩔 수 없는 것이랬잖아. 날씨 때문에 입장을 못 했던 거니까 돌려받지 못할 거야."

아니, 본인도 지불했으면서 어찌 이토록 남의 돈인 것 마냥(남의 돈이라면 더 그래서는 안 되겠지만…) 무책임한 말이 나올 수 있단 말인가. 개인주의인 것일까? 그러나 이 환불 처리에 대한 책임자는 아무도 없었다. 아직은 작은 나라 페루가 문제인지, 거대한 이 사회가 문제인지, 타인의 일에는 책임감이 적고 무관심했다. 게다가 일처리도 느렸다. 이 환불 문제를 내가 언급했던 것도 이미 몇 번이었다. 참… 기분이 좋으려야 좋을 수 없었다. 그날의 모든 것이 시간 낭비, 체력 낭비, 돈 낭비였다니. 내일 도시로 나가는 대로 다시 한 번 알아봐야 할 것 같다.

오늘밤은 앰버가 이곳에 머무는 마지막 밤이었다. 우리 연구 기관 사상 연구 인턴으로서는 최장기간을 머문 그녀였기에 이 밤은 더욱 특별했다. 특히, 시크릿 포레스트의 가족에게는, 우리 연구 팀이 이곳에 머무르기 시작한 시점부터 함께 해온 원년 멤버와 처음으로 겪는 이별이어서 더더욱 특별했을 것이다. 그만큼 이 송별의 시간은 모두의 마음 저 깊은 곳에서부터 뜻깊고 숙연했다. 치키 아저씨는 앰버를 위해 페루 와인을 준비해 주었다. 이곳에서는 굉장히 귀하며 앰버가 각별히 좋아하는 '알코올'이었다. 달달하면서도 적당한 탄산이 혀를 찌르는, 이제껏 마셔 본 것 중에서 나의 입맛에 가장 잘 맞는 와인이었다. 앰버는 우리와 보내는 이곳에서의 마지막 밤을 그녀답게, 즐겁게 보내고 싶었나 보다. 자정이 지난 새벽까지 우리는 카드를 돌리며 그녀와의 마지막을 추억 속에 아로새겼다.

숲채찍꼬리도마뱀이
가르쳐 준 것

도시에서의 휴가

도시에서의 휴가, 그 첫째 날

앰버는 일어나자마자 시크릿 포레스트 가족들과 마지막 인사를 나누느라 바빴다. 모두와 사진을 찍고 서로 얼싸안으며 슬픔을 표하고 나서야 그녀의 발걸음은 떨어질 수 있었다. 아무렇지 않은 척 밝은 표정을 짓는 앰버였지만 그 내면의 쓸쓸함이 여실히 느껴졌다. 앰버가 이곳을 떠난다는 사실은 그만큼 그녀와, 남은 이들에게 커다란 울음을 퍼뜨렸다. 브린과 아비는 아침부터 강 건너로 작업을 나가는지, 숲을 떠나는 우리와 배까지 함께 타고 앰버에게 마지막 작별 인사를 전했다.

오랜만에 도시로 나왔다. 내심 기다려 왔던 순간이었다. 오늘부터 2박 3일간 도심 휴가를 보낼 것이다. 도시에 도착하면 케이크와 아이스크림부터 먹어야겠다고 생각했다. 그런데 나가는 길부터 영 평탄하지가 않았다. 운전자를 제외하고 네 명이 탈 수 있는 차에 다섯 명이 탔다. 앞좌석에 앉은 무쿠를 제외하고 뒷자리에 앉은 나, 앰버, 카라, 카테린은 아주 죽을 맛이었다. 카테린은 사실상 카라 위에 앉아 있었는데, 말은 못하겠지만 양쪽 다 참

보기 안쓰러웠다. 이런 상태로 45분 동안 오프로드를 달리려니 형언할 수 없는 고통과 시련이 뒤따랐다. 심지어 도시로 나가는 길의 오프로드는 완만하긴 했지만 오르막이었다. 고속도로에 진입하기 전까지는 정말 아비규환이 따로 없었다. 출발한 지 채 한 시간이 못 되어 이미 우리는 기진맥진한 지 오래였다.

숙소에 도착해서 짐을 풀고, 오랜만에 접하는 인터넷이라는 문명에 깊이 빠져 있다 보니 어느새 시계는 오후 3시를 가리켰다. 마찬가지로 오랜만에 만나는 톰이 나타나, 우리를 이끌고 점심을 먹으러 레스토랑으로 향했다. 내가 선택한 메뉴는 이곳 푸에르토말도나도에 왔을 때 처음 먹었던 그 버거였다. 다시 숙소로 돌아와 한 달간 아마존에서 찍은 수천 장의 사진을 정리했다. 가족, 친구들과의 연락도 물론 잊을 수 없었다. 그들에게 나는 한 달간 실종 상태나 다름없었을 테니.

도시로 나오면 꼭 해야 하는 일이 몇 가지 있었다. 먼저 그간 흙탕물에서 빨던 내 빨래를 세탁소에서 제대로 한 번 빨아 가는 것, 좀 더 편하게 입고 벗을 수 있는 우비를 구비하는 것, 달달한 빵과 케이크, 아이스크림을 원 없이 먹는 것, 치약과 입술 보호제를 사는 것, 그리고 그동안 고장 나 빌려 써야만 했던 헤드랜턴을 새로 구하는 것이었다. 일단은 빨래부터 맡겼다. 빨래는 무게당 가격을 매기는 방식이었는데 내 빨래는 아마 2kg이 안 되었을 것이다. 가격은 우리나라 돈으로 고작 3,000원 정도였다.

그러고 나니 금세 저녁 시간이 되었다. 저녁 메뉴는 오븐 피자로 의견을 모았다. 사실 나는 피자보다 함께 주문한 생과일주스에 관심이 있었다. 기후가 고온·다습한 이곳에는 워낙 듣도 보도 못한 과일이 많았기 때문에 각양각색의 그 맛들이 너무 궁금했다. 이름 모를 짙은 보랏빛 주스에서는 사탕수수 맛이 났다(설탕 맛인가?). 저녁을 먹고 앰버가 데리고 간 아이스크림 가게는 아이스크림이 주 메뉴였음에도 빵과 케이크까지 다양했다. 한국

1~3 레스토랑의 이모저모

에선 보기 힘들 법한 투박하고 강렬한 인상의 것들이었다. 딱 한 종류만을 선택할 수 없었던 나는 결국 젤리케이크와 레몬크림케이크를 사고 말았다. 그 자리에서 젤리케이크를 순식간에 흡입하자 그간 미뤄 두었던 행복감이 밀려왔다. 내가 케이크를 먹는 동안 앰버는 아이스크림을 먹었다. 아이스크림은 두 스쿠프에 5솔, 우리나라 돈으로 1,500원쯤 했다. 다음에는 아이스크림을 꼭 먹어야겠다고 다짐하며 레몬크림케이크를 고이 포장해서 돌아왔다.

오늘밤은 앰버에게 이곳에서의 마지막 밤, 우리에겐 앰버와 함께하는 마지막 밤이었다. 마지막까지 앰버는 파충류에 푹 빠져 헤어 나오지 못한 모양이었다. 숙소 대문 앞에 나타난 도마뱀부치(Gecko)들을 보고 가만히 둘 수 없었나 보다. 우리는 당장 마대자루를 가져다 5m 높이쯤에 있는 녀석들을 요리조리 몰아 우리 근처로 유인했다. 벽에 붙어서도 민첩한 녀석들은 우리의 속셈을 눈치챈 것인지 빨빨거리며 벽의 틈 속으로 숨어들기 바빴다. 그러나 우리가 누구였던가. 아마존 정글에서도 성공적인 조사를 마치고 도시로 돌아온 이들 아니었나. 끝내 우리의 집념이 승리했다. 네 명이 달려드니 녀석들도 더는 당해낼 수가 없었던 모양이다. 그렇게 총 세 마리를 잡았다. 크고 동그란 눈과 벽에 달라붙기 쉽도록 생긴 발가락의 빨판이 매력적인 집도마뱀부치(House gecko, *Hemidactylus frenatus*로 추정된다) 종류였다. 인간의 집에 얹혀살면서도(인간이 자연에 얹혀사는 것인가?) 인간이 두려웠던지, 녀석들은 강력한 턱 힘으로 우리의 손가락을 물기도 하고, 급기야 한 녀석은 스스로 꼬리를 잘라 내기도 했다(도마뱀과 도롱뇽 중에는 포식자의 위협으로부터 벗어나기 위해 스스로 꼬리를 끊고 도망치려 하는 경우가 많다). 이 녀석들이 앰버에겐 이곳에서의 마지막 동물이었고 마지막 조사 대상이었다. 우리는 무쿠가 무심코 챙겨 온 측정 도구들로 여느 때처럼 녀석들의 무게와 몸길이를 측정했다.

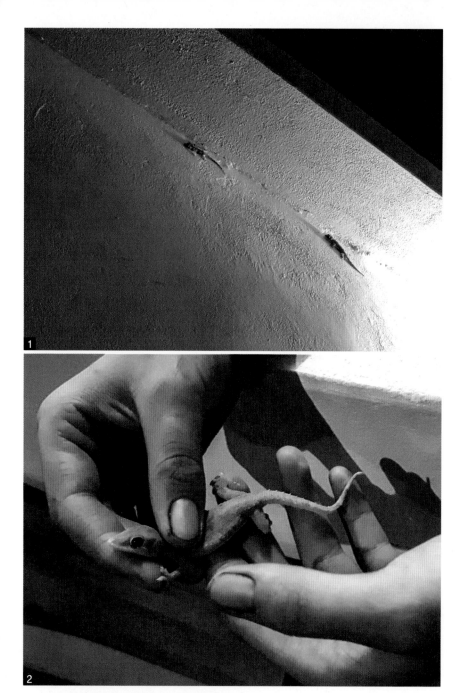

1 숙소 벽의 불빛에 이끌려 온 집도마뱀부치 한 쌍
2 우리는 기어코 도마뱀부치를 잡아 측정까지 하고야 말았다.

한바탕 조사까지 마치고 나서야 우리는 우리만의 시간을 즐기기 시작했다. 숙소 옆 구멍가게에서 맥주를 사다 숙소 옥상에 앉아 마시며 젠가도 하고 담소도 나눴다. 6개월간 이곳에서 지내며 앰버가 느껴 온 것들, 그녀가 떠난 이후로도 이곳에서 지내야 할 우리를 위한 조언, 이제 '진짜' 집으로 돌아가는 앰버를 위한 우리의 축복의 말들이 오고 갔다. 앰버의 비행기는 내일 이른 오후에 떠난다. 내일 오후면 정말 앰버는 더 이상 이곳에 없을 것이다. 비록 함께 지낸 시간이 그리 길지는 않지만, 그동안 쌓인 정은 무시못할 만큼 어마어마했다. 밀려드는 아쉬움은 참 어쩔 수가 없었다.

도시에서의 휴가, 그 둘째 날

오전 5시에 눈을 떴다. 이곳보다 14시간이 빠른 한국의 사람들과 소중한 연락을 놓치지 않기 위해서였다. 이 사람, 저 사람에게 나의 생존을 신고하고, 그들의 근황을 듣다 보니 시간이 쏜살같이 지나갔다. 내가 밀림에 들어가 있는 동안, 페루에서는 큰 지진도 한 번 있었던 모양이었다. 정작 나는 아무런 걱정이 없었으나 한국에서는 안부를 물어보는 이가 많았다. 아무튼 한국은 어느덧 자정이 지났고, 나도 슬슬 일정을 시작해야 했다. 아쉽지만 짧은 연락의 시간을 마쳤다.

나의 일정은 어제 맡긴 빨래를 찾아오는 일로 시작되었다. 깨끗한 비닐 속에 차곡차곡 개켜 있던 빨랫감들은, 오랜만에 보는 가히 빨래다운 빨래였다. 흙탕물에 몸을 내맡기다 본연의 색을 잃었던 옷가지들도 제 색깔을 되찾았다. 낯설지만 기분 좋은 향기도 내 코로 밀려들었다. 저렴한 가격에 얻은, '소소하지만 확실한 행복'이었다.

내가 돌아오자마자, 다 같이 시내의 대형 마트로 향했다. 앞으로의 정글 생활에 필요한 물품들을 구비하기 위해서였다. 나는 치약과 보습 크림, 입술 보호제, 그리고 가장 중요한 '단것'들이 필요했다. 에너지 소모가 큰 밀림 속 조사 활동을 할 때는, 중간중간 당을 보충해 주어야 한다. 세제, 샤워용품, 음료 혹은 술까지 각자 원하는 물품을 모두 구입하고 근처의 약국에서 나의 보습 크림과 입술 보호제까지 구입을 끝냈다. 끊임없이 흘린 땀과 피부에 뿌려댄 강한 벌레 퇴치제 때문에 피부가 트거나 붉어지는 등 문제가 많았다.

다음 행선지는 시장인데, 나뿐 아니라 카라 역시 이곳에서 새 헤드랜턴을 구해야 했다. 이 미로 같고 광대한 시장에는 없는 게 없었다. 조명 가게에 가 보니 헤드랜턴도 종류가 다양했다. 이것저것 기능도 다르고 광도도 달랐다. 카라는 자기 것과 영국 아비 것까지 실속형 모델 두 개를 구입했고, 나는 다른 건 따지지 않은 채 가장 밝기가 강력한 모델로 구입했다. 광도가 강해서일까, 포장된 박스와 쓰이는 배터리도 큼직큼직해서 한껏 기대감에 부풀었다. 한국에서 사 온 것보다 비교 불가능할 정도로 밝기가 강했는데 (설명서에 쓰인 터무니없이 높은 수치를 곧이곧대로 믿을 수 있다면), 가격은 훨씬 저렴했다. 한국에서는 30,000원대의 것을 사 왔다면, 이건 많이 쳐 봐야 고작 8,000원선이었다.

갑자기 톰이 우리를 찾아왔다. 우리가 이곳에 있는걸 어떻게 알았냐고 물어보니까 '뻔할 뻔'자란다. 그러면서 벌레 퇴치제는 열심히 뿌렸냐며 걱정했다. 그러자 앰버가 거들기를, 정글보다도 이런 도시에서 벌레 퇴치제를 더 열심히 뿌려야 한단다. 그 이유가 무엇인고 하니, 정글에서는 그저 숲 모기가 많을 뿐이어서 전염병을 걱정할 이유가 없지만, 도시에는 뎅기열과 같은 전염병을 앓는 사람이 많기 때문에 모기에 물리면 옮을 수가 있기 때문이라고 했다. 정글보다 모기가 적다는 생각에 자신만만해하며 벌레 퇴치제를 두고 온 나는 일순간 두려움에 휩싸였다. 그 길로 숙소로 돌아가 바로 벌레 퇴치제부터 다시 구비하였다.

톰과 함께 점심식사를 마치고 무쿠는 오래간만에 머리를 깎으러 미용

실로, 나와 카라는 앰버를 따라 기념품점으로 향했다. 사실 나는 이곳에 기념품점이 있을 거라고는 생각지 못했다. 그래도 관광객이 좀 있는가 보다. 나름 기념품점도 몇 개가 모여 있고 총알개미나 피라냐 박제 표본, 티셔츠, 조각품, 사진이나 그림 등 기념품도 다양했다. 기념품점들을 대강 둘러보고 탐보파타강 위의 다리에 서서 잠시 강을 구경했다. 강바람을 느껴 보기도 하고 지나가는 자동차와 사람들을 구경하기도 하고 강가로 다닥다닥 붙어 있는 집들을 바라보기도 했다. 새삼 나 역시 이 강을 바라볼 날이 그리 많이 남지 않았다는 사실이 떠올랐다. 깨끗함과는 멀지 몰라도 순수한 곳이다. 이곳에서 지내면서 이곳을 '알아' 가니 그만큼 더 '아름다워져' 가는 듯하다. 오늘도 마찬가지로 나는 아이스크림 가게를 그냥 지나치지 못했다. 날도 너무 더워서 다 같이 시원하게 코포아수(Copoasu, 아마존 지역에서 재배되는 상큼한 맛의 열대과일) 아이스크림 슬러시를 먹었다. 코포아수는 이곳에 와서 처음 맛본 열대과일인데, 상큼하면서 달콤한 맛이 아주 일품이었다. 이곳의 과일 중 일등이라 할 수 있을 만큼 독특하고 이상적인 맛이었다. 코포아수로 만든 다른 메뉴들을 꼭 다 먹어 보고 이곳을 뜨리라.

드디어 오후 3시가 되어 앰버는 예약해 둔 공항행 택시에 몸을 실었다. 이제 정말 그녀는 떠난다. 다들 태연한 척하지만 마지막 인사가 참 어렵다. 워낙 앰버를 오래 봐 온 탓에 숙소 아주머니들까지 앰버를 보내기가 쉽지 않은가 보다. 다음에 꼭 다시 오라고, 너무 그리울 것 같으니 꼭 이곳에 다시 찾아와 달라고 신신당부를 했다. 무겁지만 담담하게 우리와도 마지막 인사를 나누었다. 남은 우리의 안전과, 다시 본래의 생활로 돌아갈 앰버의 미래를 위해 서로 행복을 빌어 주었다. 그리고 나서야 앰버를 태운 택시는 숙소를 떠났다. 나도 이렇게 마음이 무거운데 무쿠는 얼마나 무거울까. 떠나는 앰버를 보며 한참 손을 흔들던 무쿠는, 앰버가 떠난 뒤에도 그 자리에 남아 한동안 그녀가 지나간 길을 바라보았다. 6개월에 걸친 '앰버 심즈'의

● 푸에르토말도나도 중앙 광장의 밤. 저녁을 먹고 나오는 길,
아름답고 활기찬 모습의 광장이 나의 마음을 다독여 주었다.

아마존 모험기는 그렇게 끝이 났다.

　내일 출국하는 아르헨티나 친구들은 앰버가 떠난 뒤 호스텔에 도착했다. 여전히 침울한 분위기로 인해, 마냥 반겨 주지도 못하였다. 그저 무표정한 얼굴로 인사를 건넨 뒤 사진 정리에 매진할 수밖에 없었다. 나쁜 의도는 아니었는데 그냥 마음이 그랬다. 하필이면 이런 때에 푸에르토말도나도에는 폭풍이 몰아쳤다. 강한 폭풍 때문에 소중한 인터넷도 잠시 끊기고 말았다. 정말 야속했다. 저녁에 먹은 모둠 볶음밥은 또 어찌나 양이 많았는지 결국 체기까지 돌았다. 벅찬 기대 속에 사 먹은 코포아수 생과일 슬러시도 상상하던 그 맛이 아니었다. 마지막까지 왠지 모르게 서글픈 하루다.

도시에서의 휴가, 그 셋째 날

　다시 숲으로 들어갈 날이 밝았다. 아침 9시인데 벌써 우리를 태울 차량이 도착했다. 오늘은 톰이 아니라 우리 연구 기관 사무실에서 행정 업무를 총괄하는 이본이 왔다. 금방 다시 나오겠다는 인사를 끝으로 서둘러 가족, 친구와 연락을 마쳤다. 오늘 차는 꽤나 '럭셔리'했다. 이전에는 짐칸이 딸린, 거의 트럭이나 다름없는 짐차였다면, 오늘은 문으로 여닫을 수 있는 트렁크와 빵빵한 에어컨까지, 굉장히 쾌적한 환경이었다. 덕분에 나와 무쿠, 카라, 그리고 도시에 나왔다가 다시 숲으로 돌아가는 리카르디나까지, 네 명이 45분간의 오프로드마저 아주 편안하게 즐기며 목적지인 필라델피아 선착장에 도착했다.

　필라델피아는 방금 도착한 우리 외에도 예상 밖의 사람들로 붐비고 있었다. 우리와 반대로 숲에서 도시로 나가는 인파들이었다. 오늘 떠난다던 식물 팀의 호주 아비뿐 아니라 조류 팀의 올리버와 현지인 학생 셋, 그리고 식물 팀 리더인 나탈리와 그녀를 보조하던 페루의 양서파충류 전문가 이안까지 탐보파타의 숲을 떠나는 길이었다. 갑자기 캠프에 사람이 훅 빠지는 것이다. 예상하지 못한 허전함이 밀려왔다. 어느새 인원이 늘어 언제 어디서나 와자지껄하던 우리 팀이었는데.

오늘은 치키 아저씨 대신 에리가 보트를 몰고 왔다. 에리가 모는 보트는 처음 타 본 것 같다. 초반부터 불안불안하던 보트는 결국 강 한복판에서 엔진이 멈췄다. 시동이 꺼진 보트는 말 그대로 강물에 몸을 맡기고 떠내려가다가, 강가에 걸쳐 있는 나무와 몇 번을 부딪쳤다. 육지로의 접근을 밀쳐 내거나 인력으로 배를 저을 노 같은 것은 없었다. 유일하게 할 수 있는 일은 한시라도 빨리 모터 엔진을 고치는 것이었다. 다행히 같은 나무여도 우리 보트가 더 튼튼한 모양이었다. 부딪치는 나뭇가지마다 끝내 부러뜨리며 나아갔다. 그렇게 모터 엔진을 고치기까지 걱정과 불안 속에 한참을 떠내려갔다.

돌아온 캠프는 역시나 허전했다. 확실히 그랬다. 꽉 차 있던 침대와 소파가 텅 비어 있었다. 우리를 반겨 주는 건, 캠프의 마스코트인 아기 고양이 세 마리와 숲에 남아 있던 브린과 영국 아비, 라울뿐이었다. 브린과 아비(이제부터 등장하는 '아비'는 모두 영국 아비를 지칭함)는 이전에 잡아온 동물들을 데려와 보여 주며 자랑 같지 않은 자랑을 했다. 자랑해도 될 법한 예쁜 동물들이었다. 지난번에 한 번 본 적이 있는 수리남뿔개구리와 이 지역의 미기록 종이었던 아마존고리무늬뱀(Amazon ringed snake, *Rhinobothryum lentiginosum*)으로 모두 각기 다른 무늬가 매력적이었다. 수리남뿔개구리는 요즘 한창 아성체가 등장할 시즌인지, 강 건너로 가면 한 걸음 뗄 때마다 후드득거리는 소리가 들릴 정도로 많단다(허풍인 느낌이 강하게 들어 마냥 믿을 수는 없지만). 아마존고리무늬뱀은 무늬가 예쁘기로 유명한 맹독성 뱀, 산호뱀과 굉장히 유사한 무늬를 지녀 너무나 예쁜 모습이다. 그러나 무늬 간격이 더 넓고 전체적인 크기도 더 크며 비늘과 경계가 확실한 두상(頭相)이 차이점이다. 비록 호전적일지라도 다행히 이 녀석은 독성을 지니지

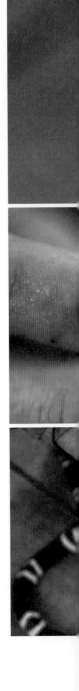

1~4 아마존고리무늬뱀 머리의 뚜렷한 비늘, 목과 머리의 경계는 산호뱀과의 큰
차이점이다. 5 몸 전체에 그려진 흰색과 붉은색의 고리 무늬는 자연 속 미지의
화가가 그린 것 같다는 생각이 든다.

는 않았다. 이 녀석이 어느 정도로 예쁜지를 단적으로 나타낼 수 있는 사건이라면, 뱀에 전혀 관심이 없던, 아니 오히려 가끔은 치를 떨던 로사 아주머니도 관심을 보이며 사진을 찍으러 왔다는 것이다. 그만큼 아마존고리무늬뱀의 고리 무늬는 아름다웠다. 심플하고, 모던했다. 자연의 미니멀리즘이랄까. 정제되지 않은 채 원시적으로만 보이는 자연도 이 정도로 세련될 수 있음을 새삼 느꼈다.

1~3 아마존 생활 초기에 나에게 극심한 가려움을 안겨 주기도 했던 시크릿 포레스트의 마스코트, 아기 고양이 세 마리

우리의 무사 귀환(?)을 기념하는 오늘의 야간 조사는 카이만악어 조사였다. 그러나 이전의 강에서 하던 것과는 달리 강의 지류인 작은 개울들을 따라가며 찾는 것이었다. 우리가 찾으려는 악어도 큰 강에 서식하는 흰카이만악어가 아니라, 매끈카이만악어(Smooth-fronted caiman, *Paleosuchus trigonatus*)였다. 우리가 도시에 나간 사이 새로 낸 길을 따라 개울과 개울을 이어 다니며 악어와 뱀, 개구리를 찾아 나섰다.

하지만 애석하게도 오늘은 악어들의 나들이 날이 아닌가 보다. 얼마쯤 다니면 그래도 한 마리 정도는 마주칠 수 있다던데 오늘은 어째 악어 눈빛 비스름한 것도 찾을 수가 없었다. 수면 위로 눈만 내놓는 악어를 향해 불빛을 비추면, 으레 크고 선명한 주황색의 반사광을 발견하기 마련이다. 오늘 보이는 주황색의 반사광이라곤 커다란 떠돌이거미의 홑눈뿐이었다. 잘못 건드렸다가는 곧장 야밤의 응급실행이 될지 모르기 때문에 이들도 역시 선제적 발견이 중요하기는 하다만, 영 거슬리기만 했다. 모든 개울을 지나고 늪지로 진입했다. 우리의 발길이 늪지에 닿는 순간, 우리의 목표도 악어에서 뱀으로 선회했다. 으슥한 밤의 뱀들은 축축한 늪지를 선호할 것이다. 그런데 늪지에 도착하자마자 우리가 발견한 것은 전혀 기대하지 못한 생명체였다. 바로, 늪지를 장악한(이제는 그리 낯설지 않은) 잎꾼개미 대집단이었다. 늪지 어느 곳을 보아도 잎 조각을 들고 줄지어 나르는 개미들뿐이었다. 이런 곳에 다른 생명체가 있을 리 만무했다. 언제 어디서나 들리던 개구리 울음소리도 전혀 들리지 않았다. 내가 개구리였어도 굳이 이곳에 앉아 개미들의 괴롭힘을 당하고 싶지는 않을 것이다. 제아무리 대단한 동물이어도 한 개체가 사회성 군체로 행동하는 개미들을 이기기는 쉽지 않으리라.

다행히 이곳을 활보하는 동물이 개미가 전부는 아니었다. 또 한 번 전혀 기대하지 못한 놀라운 생명체가 나타났다. 이번에는 산호뱀이었다! 선두의 브린이 발견하자마자 "Step back!(물러서!)"라고 외쳤고, 그 긴장 섞인 경고에 먼저 놀랐다. 산호뱀은 치명적인 신경독을 가지고 있어서 잘못 물렸다가는 치사에 이를 수 있다. 자신의 맹독성을 알리는 신호로 눈에 띄게 화려한 무늬를 지니고 있다. 하긴 산호뱀 정도면 개미 떼도 두렵지 않을 법하다. 그러나 이런 산호뱀을 또한 두려워하지 않는 생명체가 있었으니…. '접근 금지' 문신을 정성껏 그린 산호뱀에겐 미안하지만, 우리는 뱀 조사를 나온 양서파충류 연구 팀이었다. 녀석도 어쩔 수 없는 우리의 조사 대상이다. 단 하나뿐인 목숨이 아까웠던 나를 대신해 목숨이 열 개쯤은 되는 듯한 브린과 아비가 겁도 없이 앞장섰다. 브린은 두꺼운 뱀잡이용 장갑을, 아비는 뱀잡이 갈고리를 손에 쥐었다. 둘은 꽤 한참 동안 녀석과 사투를 벌였다. 이런 위험한 뱀을 잡으려면 우선 머리를 잡아채기 전 뱀을 완전히 제압해야 한다. 단 한 번의 실수도 허용되지 않고, 단 한 번의 공격도 허용해서는 안된다. 하지만 매끄럽고 얇은 몸통과 공격적인 움직임으로 확실히 눌러두기가 여의치가 않았다. 게다가 산호뱀은 머리와 몸통의 경계가 없는 것이 특징이다. 그 덕분에 어디가 머리고 어디가 꼬리인지 파악하기에도 시간이 걸렸으며, 어렵게 제압한 녀석을 잡아챌 목 부위를 찾을 수가 없었다. 브린도 이 부분이 가장 힘겨웠다고 한다. 어느 부위를 잡아도 손가락으로 안정감 있게 고정할 두개골이 쥐어지지 않으니, 녀석이 자꾸 머리를 쉬이 빼내더라는 것이다. 어찌어찌해서 생포에 성공하기는 했지만 브린도 녀석에게 한 번의 공격 기회를 내주고 말았다. 다행히 가죽 장갑이 녀석의 송곳니에 뚫리지 않았기에 망정이지, 만약 가죽이 조금만 더 헐거웠다면…. 결말은 끔찍했을 것이 자명하다. 정말 다행이었다. 잡힌 산호뱀은 이중으로 천주머니에 넣어 봉인했다.

초반에 무쿠가 채집한 유리마구아스독개구리에 더해, 이후에는 내가 카라바야도둑개구리, 목도리나무도마뱀, 갈기숲두꺼비를 오늘의 채집 목록에 추가했다. 조사 막판에 브린도 무딘머리나무뱀을 채집했다. 야심차게 개시한 내 새 헤드랜턴은 배터리 충전이 제대로 안된 상태였던 것인지 금세 너무 어두워져서 결국 아비의 손전등을 빌려야 했다. 카라의 새 헤드랜턴도 무사하지는 못했는데, 빛의 초점을 잡아 주는 표면의 렌즈가 분리되더니 개울에 빠져 버렸다. 흘러가는 흙탕물 속에서 다시 찾지는 못했다.

조사의 마지막 일정은 아마존고리무늬뱀 방생이었다. 마침 돌아오는 길목에 녀석이 잡혔던 지점이 있었다. 드디어 천주머니의 매듭을 풀고 녀석을 땅에 풀어 주었는데, 아니 이 녀석의 반응이 여느 뱀들과는 전혀 달랐다. 다른 뱀들 같았다면 도망치기 바빴을 테지만, 녀석은 정반대였다. 마치 자신을 잡아 두었던 우리에게 깊은 한이 맺혔다는 듯, 우리 한 명 한 명에게 달려들며 공격을 시도하는 게 아닌가? 굉장히 공격적인, 도무지 예상하지 못한 반응이었다. 녀석은 그렇게 우리 모두에게 화풀이를 한 후에야 숲을 향해 유유히 움직이기 시작했다. 움직이는 모습을 보니 영락없는 수상성(樹上性, Arboreal) 뱀이다. 육생성(陸生性, Terrestrial) 종이 아니어서 맨땅을 기는 움직임은 느린 반면, 나무에 올라타던 뱀답게 몸을 세우는 힘이 좋다. 그렇게 움직임을 바라보다 어느새 나뭇가지를 올라탄 붉은 반지들이 눈에 들어왔다. 칠흑 같은 캄캄함 속에 영롱하게 반짝거린다. 그래, 오늘은 좋아하는 나무 위에서 밤새 편안하기를.

산호뱀 실종 소동

오늘은 하루의 시작부터 마음이 무거웠다. 여느 때와 다름없이 동물 측정을 하는 중이었다. 어제 무쿠가 잡아 온 유리마구아스독개구리 측정이 끝나고 이제 사진을 찍을 차례였다. 사진을 찍기 위해서는 동물의 움직임을 가능한 한 제어해야 해서, 개구리의 경우에는 뒷다리를 잡는 동시에 몸통을 받쳐 발버둥을 치지 못하게 고정해야 한다. 뒷다리가 잡힌 상태에서 몸통만 움직이다가는 뒷다리가 꺾일 수 있기 때문이다. 그런데 동물이 작을수록 이런 핸들링이 쉽지 않다. 유리마구아스독개구리의 크기가 작고, 작은 개구리를 다루는 데에 내가 미숙했던 것이 화근이었다. 오른손잡이인 주제에 왼손으로 동물을 잡고, 오른손으로 요리조리 사진을 찍고 나니 녀석의 뒷다리가 퍼진 채로 축 늘어져 있었다. 정상적인 자세라면 개구리들은 항상 뒷다리를 접어 두는데 녀석은 그러지 못했다. 그리고 그 뒷다리에는 작은 움직임조차 느껴지지 않았다. 내 손아귀에서 녀석의 뒷다리 고관절이 부러졌던 것이다. 그렇게 나는, 예쁜 사진을 찍겠다는 미몽으로 한 생명에게 돌이킬 수 없는 상처와 끔찍한 고통을 주고 말았다. 아무런 힘도 없

1~3 예전에 디오넬도 잡아 온 적이 있었던 유리마구아스독개구리는 겨드랑이와 골반, 오금에 샛노란 반점이 있는 것이 특징이다. 4 옆모습만 봐서는 자그마한 세줄독개구리와 비슷하다. 다만 몸 크기가 훨씬 작고 줄무늬의 색이 연두색보다는 연노랑색에 가깝다.

이 숨만 몰아쉬는 녀석의 눈을 바라보기가 너무나 미안했다. 이제 움직임을 잃은 녀석은 곧 쇼크로 유명을 달리하거나, 어떠한 저항도 하지 못한 채 포식자에게 잡아먹히리라. 나는 이 작고 여린 녀석에게 용서받지 못할 죄를 지었다. 감각 있는 사진작가보다는 공감하는 보전생물학자가 되어야 할 텐데, 아직 나는 다른 데에 욕심이 더 많은가 보다. 나머지 숲채찍꼬리도마뱀, 갈기숲두꺼비, 목도리나무도마뱀, 무딘머리나무뱀, 마모레강도둑개구리(Rio Mamore robber frog, *Pristimantis fenestratus*)들은 무사히 측정을 끝냈다.

문제는 전날 고생해서 잡았던 산호뱀이었다. '맹독성을 지닌 이 녀석을 어떻게 하면 무사히 측정할 수 있을까'가 우리의 고민이었다. 다행히 브린이 묘안을 냈다. 산호뱀 위에 유리판을 살짝 눌러 덮어 공격하지 못하게 고정하고 그 위에 녀석의 몸을 따라 선을 그려서 그 선의 길이를 재는 것이었다. 아주 기가 막힌 아이디어였다. 우리는 곧바로 이를 실행에 옮기기 위해 큰 유리판 한 조각을 어디선가 가져왔고, 브린은 혹여나 물릴세라 손에는 뱀잡이용 장갑을, 팔에는 고무장화의 발목 부분을 잘라 보호대 삼아 장착했다. 그 모습이 내심 웃음을 자아내기도 하였지만 산호뱀의 신경독이 퍼져 손과 팔, 전신까지도 마비될 수 있다는 것을 생각하면 그럴 만도 했다.

드디어 뱀을 꺼내 올 차례였다. 이중으로 봉해 둔 주머니의 매듭을 마침내 풀었다. 그리고 녀석이 스스로 기어 나오기만을 기다리는데…. 웬일인지 녀석은 한참이 지나도 소식이 없었다. 결국 흔들어 털어내기까지 했음에도 주머니에서는 아무것도 나오지 않았다. 이게 무슨 귀신이 곡할 노릇이란 말인가! 하지만 우리는 곧 원인을 찾아낼 수 있었다. 주머니에 작은 구멍이 나 있던 것이었다. 하필이면 이중으로 봉한 두 주머니가 모두 낡아서 하나같이 구멍이 나 있었고, 조심스레 살펴본 통에도 작은(그러나 녀석이 빠져나가기에는 충분한) 구멍이 뚫려 있었다. 녀석은 유연하고 매끄러운

1 자유를 꿈꾸며 뛰어오르다 다리 위로 착지한 마모레강도둑개구리를 그대로 붙잡고
사진을 찍었다. 맨다리 위에 녀석을 두고 찍어서 미관상 영 좋지 못하긴 하다.
2, 3 마모레강도둑개구리의 등면과 배면에는 특별한 무늬가 없지만, 노랫소리가 재미있다.
'깩깩깩' 하고 빠르게 세 번을 연달아 운다. 캠프 주변에서 날마다 듣던, 귀에 박히는
노랫소리의 주인공을 직접 마주한 것은 오늘이 처음이었다.

1 쿠션 위에 놓일 산호뱀을 누를 유리판과 왼쪽 아래에 있는 뱀잡이용 갈고리가 보인다.
브린과 아비는 산호뱀을 측정하기 전에 시뮬레이션까지 했다.
2 산호뱀이 들어 있는 주머니의 무게를 먼저 측정하는 모습. 이후에 빈 주머니의 무게를
재어 녀석의 무게를 계산할 것이다. 만일의 사태를 대비해 실험용 라텍스 장갑과 뱀잡이용
장갑을 낀 브린. 움직임이 번거로운 고무장화 보호대는 아직 끼지 않았다.

몸으로 이 구멍들을 요리조리 찾아 나간 모양이다. 그러나 안심할 수는 없
었다. 산호뱀이 통을 빠져나와 캠프 안 어딘가에 있다면 자칫 상당히 위험
할 수도 있었다. 당황한 우리는 동물을 보관했던 통과 그 주변까지 찾아보
았지만 녀석은 이미 자취를 감춘 뒤였다. 캠프 안, 마룻바닥 밑, 그 어디에
도 녀석은 없었다. 선명했던 어제의 기억으로나마 동정해 본 녀석의 이름
은 리본산호뱀(Ribbon coral snake, *Micrurus lemniscatus*)으로, 빨간색과 검
은색 영역이 반복되는 체색에 검은색 영역에는 두 줄의 아이보리색 줄무늬
가 이 녀석의 특징이라고 할 수 있는 경고색(자신에게 독과 같은 강력한 무
기가 있음을 알려 천적으로 하여금 기피하게 하는 체색)이었다.

　　그렇게 한차례 소동이 지나가고, 평화로운 한낮이 찾아왔다. 조류 팀이

쌍안경으로 아마존초록아놀도마뱀을 찾아내서 한참을 구경하다, 오랜만에 무인 카메라 영상을 다 같이 확인하기 시작했다. 저번처럼 재규어나 큰개미핥기가 찍히지는 않았어도 오슬롯(Ocelot, *Leopardus pardalis*), 타피르(Tapir, *Tapirus* spp.), 나팔새(Trumpeter, *Psophia* spp.)가 찍혀 있어서 충분히 흥미로웠다. 오슬롯은 크기는 좀 작을지언정 재규어, 퓨마와 함께 아마존의 상위 포식자이고, 타피르는 작은 코끼리 같은 게 언제 보아도 생김새가 신기했다. 나팔새는 트럼펫과 비슷한 소리를 내는 큼지막한 새로, 아주 귀하진 않지만 예민해서 맞닥뜨리기는 어려운 종이다. 오랜만에 사진 정리도 하고, 다 같이 애니메이션도 보고, 조촐하게 카드 게임도 하며 평화로운 한때를 즐겼다.

저녁 일정은 원래 카이만악어 조사였다. 예전에 카이만악어 가이드를 했던 앨라드와 동행하기 위해 연락도 취해 둔 상태였다. 그런데 이번에는 숙련된 보트 드라이버가 없었다. 치키 아저씨가 강 상류로 낚시를 나가 돌아오지 않은 것이다. 짙은 아쉬움 끝에 하는 수 없이 악어 조사를 후일로 미룰 수밖에 없었고, 대신 오늘은 메인 트레일 – 로깅 트레일 – 페커리 트레일 – 아르마딜로 트레일 – 재규어 트레일 – 다시 메인 트레일로 이어지는 긴 기회 조사를 나가기로 했다(숲 내부에는 여러 트레일이 있고 각각의 트레일은 임의로 붙인 이름이 있다). 중간중간 방생해야 할 동물도 많았다. 나와 카라, 아비는 새 헤드랜턴을 충전하고 심기일전하여 다시 한 번 개시했다. 확실히 충전을 하고 나니 엄청나게 밝아서, 이 정도 밝기의 헤드랜턴과 나무 지팡이만 있다면 밤길도 하등 두려울 게 없을 것만 같았다. 그런데 이것도 잠시, 조사가 끝날 때쯤에는 너무 어두워져서 사실상 쓸모가 없어질 정도가 되어 버렸다. 반면 카라와 아비의 헤드랜턴은 처음부터 끝까지 내 것보다 훨씬 밝았는데, 알고 보니 내 헤드랜턴이 통만 크고 밝기는 더 어두운 것이었다(5천 루멘 vs. 2만 5천 루멘). 말은 못 했지만 속으로는 무지막지한 후회가 밀려오는 순간이었다. 비싸고 큰 게 마냥 좋은 것만은 아닌 것을….

조사가 길었던 만큼 수확은 많았다. 개울이 말라 생긴 초입의 진흙길에서 무쿠가 갈색알개구리를 잡은 것을 시작으로, 첫 번째 갈기숲두꺼비도 채집했다. 같은 곳에서 선명한 타피르 발자국도 볼 수 있었다. 곧이어 개울을 따라 걸어가다가 어제 찾은 나이프피쉬에 이어 웬 메기도 발견했다. 그리고 갈기숲두꺼비만 네 마리를 더 잡아서 이 좋은 총 다섯 마리를 채집했다. 갈기숲두꺼비는 등면 무늬의 변이가 다양해서 내심 궁금하던 차였는데 내일은 아마 이들의 개체 변이를 비교할 수 있을 것 같다. 끝으로 브린이 볼리비아긴발가락개구리(Bolivian thin-toed frog, *Leptodactylus boliviana*)까지 새로이 채집했다.

약 세 시간에 걸친 조사가 끝나고 캠프로 돌아왔다. 돌아오는 길에 하늘을 올려다보니 저 멀리서 번개가 하늘을 갈랐다. 몇 번 내리치다 마는 것도 아니고 끊임없이 이어졌다. 아마도 내일은 한바탕 폭풍우가 또 몰아칠 모양이다.

● 구름 낀 아마존 하늘

인간이 작은 고통을 피할 때, 동물은 죽음을 마주한다

어제는 장시간의 야간 조사로 많이 피곤했었나 보다. 평소 오전 9시면 일어나던 내가 오전 10시에야 침대를 벗어날 수 있었다. 열기와 습기로 쉽게 지치는 이곳에서는 매일매일 충분히 휴식하여 피로를 관리하는 것이 굉장히 중요하다. 완벽히 회복하지 못하고 피로를 쌓아 두었다가는 앓아눕기 일쑤다. 브린과 카라는 무슨 일인지 일어나자마자 고통을 호소했다. 사정을 들어보니 간밤에 개미 떼가 그들을 습격했단다. 개미들이 전신은 물론, 얼굴을 막 기어올라서 편히 잠을 이룰 수가 없었다는 것이다. 물리지는 않은 것을 보면 그래도 다행히, 아주 다행히, (군대개미가 아닌) 온순한 잎꾼 개미들이었던 것 같다.

오전 측정을 시작하려는데, 어제에 이어 오늘도 동물이 사라졌다. 지난 밤 조사 초반에 무쿠가 잡았던 갈색알개구리가 보이질 않았다. 가만히 생각하던 무쿠가 아마도 그 자리에 흘리고 온 것 같다며 황급히 나가더니 금세 찾아왔다. 어디에서 찾았냐니까, 그러면 그렇지, 잡았던 그 자리에 그대로 있더라는 것이다. 이 녀석이 뜀박질에 영 소질이 없어서 다행이지, 쉼 없

1 볼리비아긴발가락개구리의 등면과 다리 무늬
2 볼리비아긴발가락개구리의 동정 포인트 가운데 하나인 입술 위의 흰 선이 잘 나타난다.
3 몸쪽 첫 번째 발가락이 두 번째 발가락보다 긴 긴발가락개구리과의 특징을 잘 보여 주고 있다.

이 폴짝거리는 다른 개구리였으면 무고한 이 녀석에게도, 깨끗한 이 숲에도, 끔찍한 '비닐 봉다리의 비극'이 벌어질 뻔하였다.

오늘의 핵심은 다섯 마리의 갈기숲두꺼비였다. 아무리 이 종이 흔하디흔하다지만, 이렇게 한꺼번에 여러 마리가 잡힌 것은 어제가 처음이었다. 전부터 이 녀석들의 등 무늬에 관심이 많았던 터라 다양한 등 무늬를 사진으로 남겼다. 이 종의 등 무늬는 크게 세 가지로 나뉘는데, 아무 패턴이 없거나, 가운데 굵은 줄무늬가 나타나거나, 혹은 대리석 무늬가 나타난다. 간혹 줄무늬와 대리석 무늬가 혼재하기도 한다. 아무래도 이렇게 패턴이 다르다 보니, 나는 인간의 눈이 이들을 인식하는 데에도 차이가 있을 거라 생각을 하던 차였다. 이렇게 사진으로 등 무늬를 찍어두고, 각 개체가 채집된 조사 방법을 연관시키면 인간의 노력으로 채집된 개체와 인간의 노력 없이 자연스럽게 채집된 개체가 구별될 테니 무언가 차이가 보이지 않을까 싶다. 현재로선 채집 개체수도 너무 적고 그저 가설일 뿐이지만.

1~3 민무늬의 갈기숲두꺼비 등면

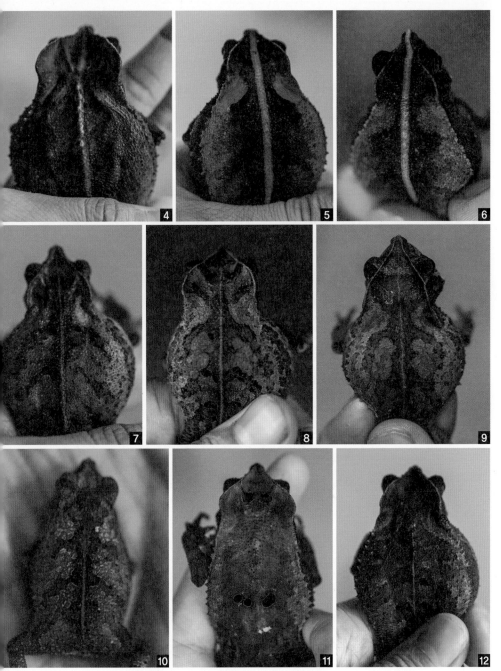

4~6 가운데 줄무늬가 뚜렷한 형태의 갈기숲두꺼비 등면
7~12 수수두꺼비를 닮은 대리석 무늬의 갈기숲두꺼비 등면

그동안 찍어 둔 사진들을 한참 정리하다가 너클 헤드 핏폴트랩을 확인하러 갔다. 한 트랩 안에는 또 어린 갈기숲두꺼비 개체가 빠져 있었고, 다른 통에는 숲채찍꼬리도마뱀이 잡혀 있었다. 하필이면 내가 맨손으로 잡기를 껄끄러워하는 녀석이다. 발톱이 날카로워 아무 생각 없이 맨손을 집어넣었다가는 유혈이 낭자해지기 십상이기 때문이다. 게다가 내겐 장갑이 없었다. 그저 맨손으로 잡아야만 했다. 겁이 나긴 했지만, 어쩔 수 없으니 꼬리를 잡아채 올리기로 마음을 먹었다. 거칠고 빳빳한 이 녀석의 피부를 생각하면, 피부가 매끄러운 스킹크도마뱀처럼 쉬이 꼬리를 끊어 낼 것 같지도 않았다. 곧이어, 물이 차올라 녀석의 실루엣이 확실히 보이지도 않는 트랩 속에서 녀석을 어찌어찌 건져 올렸다. 그런데 이 녀석의 저항이 생각보다 만만치가 않았다. 허공에 매달린 상태에서도 이리저리 쉬지 않고 버둥거렸다. 어쩌나, 이래서는 천주머니에 집어넣을 수가 없는데…. 녀석이 좀 잠잠해지기만을 기다렸다. 그렇게 얼마나 지났을까, 끝내 예상치 못한 일이 벌어지고 말았다. 좀 얌전해졌나 싶던 녀석이 스스로 꼬리를 잘라 낸 것이다! 자절(自絕, autotomy)이 가능한 타입의 꼬리일 것이라고는 생각해 보지 못했건만, 순간 나도 모르게 놀라고 말았다. 발톱이 날카롭건 어쩌건, 다시 트랩에 떨어진 녀석을 급히 잡아채 헐레벌떡 주머니에 집어넣었다. 그냥 내가 조금 아프더라도 애초부터 이렇게 잡아넣었으면 될 것을. 나의 경험 부족과 두려움으로 괜히 녀석에게 고통만 안겨 주고 말았다. 내가 조금 아플 것이 걱정되어서 겁을 먹다가는 동물들이 훨씬 크게 다칠 수 있다는 사실을, 인간에겐 잠깐 쓰라리고 말 것을 피하려고 주저하는 순간 동물들은 생사의 기로에 놓일 수 있다는 사실을 나는 이렇게 배우게 되었다. 내가 작은 고통조차 양보하지 못해 녀석의 꼬리를 부여잡고 있던 사이 공중에서까지 스스로 꼬리를(잘리지 않을 것만 같던) 포기한 그 녀석은 얼마나 극심한 스트레스를 느꼈던 걸까.

내가 너클 헤드에서 호된 깨달음을 얻는 사이 무쿠는 바이퍼 폴스를 다녀와 (내겐) 새로운 두꺼비 한 종을 잡아 왔다. 굉장히 강렬한 인상이어서 내일 꼭 정확한 종명을 찾아보아야겠노라 굳게 마음을 먹었다. 그리고 이 새로운 두꺼비 못지않게 강렬한 것이 또 하나 있었으니, 바로 내 침대 위에 보금자리를 튼 거미였다. 내가 쓰는 2층 침대와 신디아가 쓰던 옆 2층 침대 사이에 제법 커다란 거미가 아무도 모르는 새 거미줄을 쳐 두었다. 거미도 명당을 아는 모양인지 전등 바로 앞자리다. 불빛에 현혹된 온갖 날벌레가 몰려드는 곳이어서 솔직히 밤만 되면 침대에 들어가기가 신경이 쓰였던 터였다. 꼭 천연 모기장이 하나 새로 생긴 것 같아 한편으론 잘된 듯싶다.

저녁을 먹고 나서는 모두가 중독된 이곳의 유일한 '마약', 애니메이션을 세 편이나 연달아 보고 뒤늦게 부랴부랴 야간 조사에 나섰다. 오늘도 역시 선 조사나 방형구 조사가 아닌 기회 조사였다. 루트는 메인 트레일 – 재규어 트레일 – 해피 트레일로 이어지는 짧지 않은 길이었다. 그러나 계속 번개가 치는 게 어째 곧 한바탕 폭풍이 몰아칠 것만 같았다. 새로운 동물을 찾아 나서기보다는 어제 잡힌 동물들을 놓아주는 데에 초점을 맞춰 빠르게 움직이기로 했다. 마침 내 헤드랜턴도 한 시간이 지나니 곧 어두워졌다. 배터리를 바꾸니까 다시 밝아지기는 했으나 이 또한 얼마나 갈지 모를 일이다. 어제 채집된 동물들의 방생 위치만을 따라가며 얼른 동물들을 놓아주고, 돌아오는 길에 산란지인 늪 한곳만을 들렀다. 아비가 두줄긴코나무개구리 암수를 찾은 것과 카라가 트레일 위에서 갈기숲두꺼비 아성체로 추정되는 작은 개구리 한 마리를 추가한 것이 오늘 채집의 전부였다. 예상대로 오늘은 수확이 많지 않았다.

적은 수확보다도 순식간에 번쩍이는 번개와 무섭게 울려대는 천둥이 걱정이다. 오늘은 편안히 잠자리에 들 수나 있을지 모르겠다.

DIY 축구장

아침에 일어났더니 침대 밑에 웬 개미 떼가 바글바글했다. 어제 브린과 카라를 덮쳤다던 그 녀석들이 이젠 내 침대까지 호시탐탐 노리다 내게 딱 걸리고 말았다. 개미들에겐 미안하지만 난 그 친구들과 한 침대를 쓸 생각이 없었다. 당장 벌레 퇴치제를 가져다 구석구석 꼼꼼히 뿌렸다. 퇴치제는 녀석들의 생명에 위협을 가하지는 않으면서도(익사할 정도로 뿌리지만 않는다면) 효과적으로 내 영역을 지켜 줄 것이다.

오늘도 빠질 수 없는 측정의 대상 동물은 두줄긴코나무개구리, 갈기숲두꺼비 아성체 두 마리, 숲채찍꼬리도마뱀, 그리고 어제 무쿠가 잡아 온 점박이두꺼비(Spotted toad, *Rhaebo guttatus*)였다. 점박이두꺼비는 황토색의 등면에 박힌 붉은 점들, 짙은 검은색의 배면에 박힌 하얀 점들이 그 이름을 연상케 한다. 밝은 황토색과 대비되는 검은색의 사지는 꼭 등과 따로 노는 것 같기도 하다. 게다가 크고 검은 눈동자에서 느껴지는 강렬한 카리스마는 내 뇌리를 강하게 자극했다. 똘망똘망하면서도 힘 있는 눈이다. 내 눈에는 외계에서나 살 것만 같이 생긴 아주 재미난 녀석이다.

1, 2 부리부리하고 짙은 눈동자가 인상적인 점박이두꺼비

3 등면의 울긋불긋한 독선들과 그에 대비되는 새까만 네 다리가 눈에 띈다.

4, 5 무시무시하게 느껴지는 등면의 무늬와는 달리, 배면은 흑백이 반전된 젖소 무늬를 닮아 귀엽기만 하다.

● 비교적 얌전한 점박이두꺼비의 SVL을 측정하는 모습

오늘은 리카르디나와 라울 커플이 도시로 나가는 날이자 신입 인턴 니나가 들어오는 날이었다. 배웅과 마중을 함께 하기 위해 브린과 함께 필라델피아 선착장으로 향했다. 물론 우리 캠프에서 도시로 내보내야 하는 폐기물들도 함께였다. 돌아올 때는 신선한 식료품, 새로운 물품으로 이 자리가 메워질 것이다. 나는 배를 타고 강을 달릴 때마다 맞게 되는 시원한 강바람이 참 좋다. 사실 이 강바람을 느끼는 것이 좋아서 언제 어느 때고 이 배 타기를 즐겼다. 강바람이 온몸을 휘감을 때면, 무더위 속 오아시스를 찾은 것만 같다. 이곳에선, 눈을 감고 달리는 배와 불어오는 바람에 몸을 내맡기는 것만큼 소소하지만 확실한 행복도 없다.

어느새 필라델피아에 도착해 난생처음으로 보트의 접안과 정박을 도왔다. 라울과 농담을 나누다 보니 곧 저 멀리서 차 한 대가 나타났다. 그럼 그렇지, 역시 우리 차였다. 낯선 곳에 들어와 아직은 긴장 섞인 표정을 짓는 니나와 그렇게 반갑게 첫인사를 나누었다. 니나는 독일에서 이곳까지 날아온 친구로, 3개월 동안 이곳에서 양서파충류 팀 인턴으로 머무를 것이란다. 따지고 보면 곧 떠나는 나의 후임인 셈이었다. 그래, 아직은 낯설고 긴장되겠지만 지내다 보면 곧 그녀도 이곳만의 편안함과 즐거움을 깨닫게 될 것이다. 니나가 챙겨 온 짐을 보니 내 짐과는 비교도 할 수 없이 육중했다. 철저하게 온갖 살림살이를 다 챙겨 왔나 보다. 얼핏 보니 책과 카메라 렌즈도 여러 개를 챙겨 왔다. 없는 게 없는 모양새였다. 결국 쓰는 물건만 쓰게 되겠지만 이 철두철미한 준비성만큼은 가히 인정해 줄 만했다.

오후에는 근처 로지의 사람들과 함께 또 다른 로지로 가서 축구를 하기로 해서, 그 사람들이 배로 우리를 태우러 오기로 했다. 그런데 그만 그들이 우리에게 연락 주는 것을 잊고 지나가 버렸단다. 다들 축구를 하고 싶다는 열망이 들끓었던 터라 우리 캠프 인원들끼리 축구를 하기로 함에 따라 캠프 앞, 부엌 뒤편 공터를 축구장으로 만들어 버렸다. 그동안 다들 얘기만 하고

● 우리 힘으로 갓 만들어 따끈따끈한 축구장에서의 즐거운 한때

● 축구를 구경하다 문득 올려다본 하늘은 꼭 물감을 흩뿌려 놓은 듯 황홀했다. 폭우가 빈번한 아마존의 하늘에는 언제나 뭉게구름이 뒤덮여 있어서 이렇게 석양이 질 때면 그 운치를 더했다.

미뤄 오던 일이다. 박힌 돌들을 뽑아 옮기고, 여기저기 굴러다니던 나뭇가지와 그루터기들을 정리했다. 공터 가운데에서 자라다 죽은 바나나 나무들도 정글도로 밑동을 잘라 한편에 치워 놓았다. 군데군데 움푹 파인 부분에는 어디서 가져왔는지 흙을 채워 넣어 평평하게 다졌다. 축구장이 완성되자마자 현지인 가족과 연구 기관 팀으로 나누어 다섯 명씩 팀을 짜고 경기를 시작했다. 축구에 대한 열정이 넘치는 페루의 치키 아저씨, 에리, 보니, 치키 아저씨의 사위 곤잘레스, 보리스가 한 팀, 축구 종가 영국의 브린과 카

라, 아비, 세계 제일 전차군단 독일의 니나, 아시아의 강호 일본의 무쿠가 한 팀이 되어 맞붙었다. 중간에는 나도 교체 선수로 들어가서 고무장화 축구를 즐겼다. 솔직히 결과는 생각도 나지 않을 만큼 많은 골이 터졌지만 경기 자체는 꽤나 박빙이었다. 축구만 거의 두 시간을 한 것 같다. 말 그대로 피 터지는 경기였다. 실제로 축구가 끝나고 다들 만신창이가 되어서, 심지어 맨발 축구를 했던 아비는 정말 피를 보기도 했다. 그래도 그만큼 재밌었다는 사실 하나면 그 정도 고통은 충분히 만회하고도 남았으리라.

저녁을 먹고 나니 오랜 축구의 여파인지 나는 급격한 졸음에 온몸을 잠식당했다. 하늘에는 천둥 번개가 야단법석을 떨고 있다. 그럼에도 나의 피곤을 막을 수는 없었나 보다. 어느새 내 몸은 침대로 이끌려, 그 속으로 자연스레 녹아들었다.

목표 달성!

간밤에 큰 천둥과 번개로 다들 잠을 설쳤다. 나도 몇 번을 자다 깨다 했는지 모르겠다. 오늘은 동물들을 측정하기에 앞서 이제까지의 데이터를 먼저 정리했다. 나, 무쿠, 아비가 각각 나누어서 데이터를 입력하고 브린에게 모아 주기로 했다. 나는 지난번 데이터 정리 이후 핏폴트랩에서 채집된 동물들에 대한 자료를 맡았다. 당시의 날씨, 조사자, 채집된 동물의 종명과 측정치 등을 기존 데이터 파일에 입력해 넣는데, 기존 파일 내에 잘못된 종명과 잘못된 방식으로 기입된 항목들이 있어 내가 몇 가지를 수정해서 넘겼다. 이전에 브린과 무쿠가 놓쳤던 것들이다. 역시 자료는 여러 사람의 눈과 손을 거칠수록 더 날카롭게 제련되는 것 같다.

이어서 동물들을 측정했다. 측정 대상에는 갈기숲두꺼비가 특히 많았다. 포접을 하고 있던 암수 한 쌍을 비롯해, 성체 하나, 핏폴트랩 안에서 익사해 있던 아성체 한 마리까지 총 네 마리다. 더구나 포접해 있던 암컷은 이제껏 내가 본 갈기숲두꺼비 중 가장 큰 녀석이었다. 아무리 암컷이 수컷보다 덩치가 크다고는 하지만 보통의 수컷이 10~20g인 것을 생각하면, 이 녀석의 몸무게인 50g은 엄청난 무게다. 실로 대단한 덩치다. 나는 요즘 이 녀석들의 다양한 등 무늬를 비교하는 것에 재미가 들려 잡히는 족족 등면을 사진으로 남기고 있다. 어쩌면 이 결과물들을 재료로, 언젠가 나의 취미인 '사진'과 나의 직무인 '연구'를 버무릴 수도 있지 않을까 싶다. 그 외에는 채도 높은 붉은 무늬를 자랑하던 잿빛정글개구리 아성체 한 마리와 올챙이들을 지고 있던 세줄독개구리 한 마리였다. 최근 잡히는 세줄독개구리들은 매번 올챙이들이 등에 달라붙어 있는 걸 보니 확실히 번식기인가 보다.

캠프 뒤편 저 멀리에 둥지를 튼 스칼렛마카우들이 웬일인지 가까운 시야에 앉아 있었다. 냉큼 카메라를 가져다 열심히 사진을 찍어댔으나 역시 망원렌즈가 필요했다. 충분히 가깝게 찍는 데에는 실패했다. 내 렌즈가 접사렌즈인 것을 믿고 나중에 잘 잘라 보아야겠다. 점심식사 중에는 처음으로 녹색 마카우도 발견했다. 아마존을 벗어나기 전 꼭 찍어가야 할 버킷리스트가 점점 길어지는 듯하다.

점심으로는 오랜만에 전 세계적으로 유명한 페루의 전통음식, 세비체를 배불리 먹고, 아비, 카라, 니나와 너클 헤드로 향했다. 물이 꽉 들어찬 핏폴트랩의 물도 빼고 일찌감치 동물들을 놓아줄 겸 가는 것이었다. 도착한 핏폴트랩에는 결코 미리 예상할 수 없던 낯선 형체가 들어 있었다. 분명 생물체인데 영 우리가 알던 모습이 아니었다. 넷이 유심히 들여다보다 내린 결론은, 머리 없이 몸통만 남은 쥐였다! 어느 배부른 포식자가 이 녀석을 맛보고는, 맛이 없었는지 이 트랩을 쓰레기통으로 착각하고 버리고 간 모양이었다. 다들 그 괴이한 형체와 부패한 사체에서 풍기는 악취에 질겁하여 재빨리 물을 퍼내고 작업을 마쳤다. 나는 오랜만에 온 이곳에서 못 보던 버섯 군락이 나무줄기를 타고 형성된 모습이 신비로워 사진에 담았다. 세줄독개구리도 놓아주는 김에 이 녀석의 자연 속 모습도 사진으로 남겼다. 그리고는 바이퍼 폴스로 이동해 갈기숲두꺼비 한 쌍까지 마저 놓아주었다.

1, 2 언뜻 봐서는 나무줄기에 핀 꽃을 닮은 어느 버섯 군락. 한쪽으로는 핏폴트랩과
플라스틱 시트로 된 유도 울타리도 보인다. 3 자연 속에 뛰어든 세줄독개구리.
이렇게 보니 세줄독개구리의 밝은 연두색 줄무늬와 나뭇잎 빛깔이 무척 비슷하다.

● 포접하고 있는 갈기숲두꺼비 한 쌍. 어둡고 축축한 숲속에서 휴대폰 카메라로 급히 찍었더니 화질이 영 좋지 않아 아쉽기만 하다.

포접은 나름 보기가 귀해서 열심히 또 사진을 찍는데, 아비가 그런 나와 카라를 보고 웃으며 '두꺼비 포르노(toad porn)' 좀 그만 찍고 그들만의 은밀한 시간을 방해하지 말란다. 그 말이 한편으로는 재밌으면서도 다른 한편으로는 괜히 겸연쩍어서 살며시 발걸음을 옮겼다.

오늘도 다들 축구 삼매경이었다. 그새 우리 경기장(?)이 입소문을 탔는지, 강 건너의 사람들까지 찾아왔다. 나는 오늘은 그저 사진사로 자리했다. 그렇게 시간을 보내고 있다가 뜻밖의 소득을 얻었다. 강 건너에서 온 보리스가 축구를 하다 어린 아마존채찍꼬리도마뱀을 잡아다 준 것이었다. 그토록 빠른 녀석을 도대체 어떻게 잡은 걸까? 우리는 이 녀석들이 우리 캠프 주변에 여럿 서식한다는 사실을 알면서도 워낙 예민하고 잽싼 탓에 보고도 못 본 척, 그림의 떡 마냥 잡을 생각조차 하지 못했다. 사실 나를 비롯해 몇 명이 잡으려 노력해 보기는 했다. 하지만 여태까지 단 한 마리도 잡지 못했는데, 도대체 현지인은 우리와 무엇이 다른 걸까?

저녁식사 후에는 드디어 우리가 다 같이 시청하던 무쿠가 가져온 애니메이션을 끝냈다. 그 많은 것을 다 봤다. 그렇게 잠시 휴식을 취하고 나서

1, 2 우리가 한창 축구를 할 때, 축구장 옆에 있는 큰 나무에서 정답게 노닐던 한 쌍의 붉은배마카우
(Red-bellied macaw, *Orthopsittaca manilata*). 붉은색 배는 보이지 않고 녹색의 몸통과 살짝
푸른색을 띈 날갯죽지만 보인다. 3∼5 성체와 형태가 완전히 다른 어린 아마존채찍꼬리도마뱀
개체(성체의 생김새는 셋째 날 일기 참조)

야간 조사에 착수했다. 나와 무쿠, 아비는 기회 조사를 나가고, 브린과 니나, 카라는 선 조사를 나가기로 했다. 다 같이 움직이던 초입에서 우선 갈기숲두꺼비와, 곧이어 마드레디오스긴발가락개구리를 채집했다. 그리고 우리 기회 조사 팀은 방형구 조사 구역인 부시마스터 방형구 조사 구역으로 진입했다. 진입한 지 몇 걸음이나 걸었을까, 가까운 암흑 속에서 주황색의 큰 눈이 우리의 불빛을 반사시키고 있었다. 무서우리만치 거대하고 선명한 눈빛이었다. 아비가 순식간에 달려들어 잡고 보니 그 주인공은 늣센긴발가락개구리였다. 이곳에서 저 정도 크기의 눈빛을 발산할 개체는 이 녀석 아니면 잿빛정글개구리뿐이다.

우리 팀을 이끄는 무쿠는 슬슬 지루해졌는지 우리더러 나무개구리를 보러 가 보지 않겠냐고 제안했다. 어딘가 그가 아는 나무개구리의 산란지가 있다는 뉘앙스였다. 귀엽고 초롱초롱한 나무개구리들은 언제나 환영이었으므로 나는 곧장 승낙했다. 얼마나 지났을까, 부시마스터 방형구 조사 구역에서 더 깊숙이 들어간 곳에서 반영구적인 것으로 보이는 연못이 나타났고 곧이어 개구리들의 울음소리가 들려왔다. 이 깜깜한 어둠 속에서 헤드랜턴 불빛에만 의지한 채, 개구리들의 노랫소리를 들으며 그들을 찾아나서는 것은 참 황홀한 경험 같았다. 나는 이 연못에 닿자마자 곧 연두색의 자그마한 개구리 두 마리를 연달아 발견했다. 잡고 보니 마치 형광빛이 도는 듯한 밝은 초록색 몸에, 배면은 반투명한 것이 내가 그토록 찾고 싶었던 그 녀석들이 틀림없었다! 아마존에는 오래전부터 내가 꼭 만나고 싶었던 유리개구리(Glass frog)라고 부르는, 배가 투명해 속이 훤히 들여다보이는 개구리가 있다. 이곳, 페루의 마드레드디오스 지역에서는 비록 이 유리개구리는 만나기가 매우 어려울지언정 그와 비슷한(내 눈에는 그보다 더 아름다운) 개구리가 한 종 있었다. 그리고 이 녀석들이 바로 그 종이었다! 마침내 이 녀석들을 만난 나는 더 이상의 여한이 없었다. 이제는 정말 미련 없이 이곳을 떠날 수 있을 것만 같았다. 어서 내일이 되어 이 녀석들과 시간을 보내고 싶은 마음뿐이었다.

사실 무쿠는 이곳에서 커다란 뿔개구리를 찾고 싶어했으나 그의 바람은 결국 실패로 돌아갔고, 우리는 곧 브린 팀과 다시 합류했다. 합류 지점에서 먼저 잎 위에 앉아 있던 세줄독개구리를 발견하고 뒤이어 갈기숲두꺼비를 추가했다. 뒤처져서 오던 무쿠는 날씬이아놀도마뱀과 브라질너트가는 다리나무개구리를 또 잡아 왔다. 상당한 성과다. 이제는 캠프로 돌아갈 일만 남았다. 우리의 선택지는 두 가지였다. 물이 불어 있던 냇가의 수위가 낮아졌기를 기대하며 바이퍼 폴스를 거치는 지름길이냐, 아니면 수위를 걱정할 필요 없이 멀리 돌아갈 것이냐, 즉 모험과 안정 사이의 선택이었다. 낮에 바이퍼 폴스를 다녀왔던 나는, 불어 오른 수위 때문에 냇물 위에 떠 있던 플랫폼을 뗏목 삼아 밀고 당기며 힘겹게 건너야 했던 일을 생각하고, 지름길은 좋은 생각이 아닐 것이라 말을 보탰다. 그럼에도 브린의 선택은 지름길이었다. 그렇게 우리 모두는 어둠 속에서 한참을 걸어 바이퍼 폴스에 도착했다. 그러나 그 먼 길을 다 와서 확인한 것은, 역시 뗏목이 잠길 만큼 물이 더욱 불어난 것뿐이었다. 결국 왔던 길을 되돌아가야 했다.

하는 수 없이 돌아가게 된 우리는 해피 트레일까지 수색하고 다시 메인 트레일에 진입했다. 평소와는 달리 메인 트레일에서 페커리 트레일로 이어지는 샛길로 빠진 뒤 또 한참을 가는데 근처에서 '우당탕탕' 하는 육중한 뜀박질 소리가 났다. 선두의 브린과 내가 급히 불빛을 비춰보니 남미타피르(South American tapir, *Tapirus terrestris*) 한 마리가 정신없이 도망가고 있었다. 아마도 이 근처에 물을 마시러 왔다가 우리의 발소리에 놀라 자빠졌나 보다. 덕분에 나와 브린도 놀란 가슴을 쓸어내렸고 다들 잠시 말을 잃었다. 나는 무슨 코끼리가 달려가는 소리인 줄만 알았다. 아니, 그건 그렇고, 어째 뒤처져 있던 무쿠의 기척이 느껴지질 않았다. 한참을 기다려 보아도 당최 무쿠는 나타날 기미가 보이지 않았다. 결국 무쿠가 낙오한 것을 깨닫고 메인 트레일로 무쿠를 찾으러 되돌아갔다가 끝내 찾지 못하고 우선 캠프 쪽으로 향했다.

다행히도 캠프 앞의 연못에서 무쿠를 다시 만날 수 있었다. 무쿠는 우리가 지나온 트레일을 지도상에 표시하기 위해 간간이 GPS 좌표를 기록하느라 종종 뒤처지곤 했는데, 그런 무쿠의 위치를 중간중간 우리가 확인하지 않아 생긴 일이었다. 브린은 그런 무쿠가 단독 행동을 한 줄로 오해했고 무쿠는 당혹감에 빠져 상황을 제대로 설명하지 못했다. 내가 대신 나서 그를 변호해 주고 오해가 없도록 잘 마무리지었다. 아무래도 밤에는 서로의 위치를 좀 더 자주 확인할 필요성이 있었다.

오늘밤도 하늘에는 번개가 번쩍이고 간간이 들리는 천둥소리도 요란했다(천둥소리 없이 내리치는 번개는 어떻게 가능한 걸까? 소리가 닿지 못할 만큼 너무 멀리 있기 때문일까?). 어제보다도 더 강렬한 것 같았다. 번개가 하도 끊이지 않고 섬광이 내리치니 주변 전체가 밝아지고 땅이 흔들릴 정도였다. 이러다 번개 한번 잘못 맞았다가는 정말 죽을 수도 있겠구나 하는 불안이 절로 들었다. 캠프로 돌아온 후에는 기다렸다는 듯이 비까지 폭포 소리를 내며 쏟아진다. 제발 오늘밤만은 무사히 잠들 수 있기를.

투명 개구리와
유종의 미를 거두다

속 보이는 녀석

어젯밤, 이곳의 대표적인 거대 개구리, 늦센긴발가락개구리가 잡혔으므로 이 녀석을 측정하려면 누군가 이 녀석을 붙들고 있어야만 했다. 어쩌다 보니 내가 그 역할을 맡게 되었다. 이 육중한 녀석을 다루기란 꽤 쉽지 않은 일이었다. 우선 워낙 몸집이 크기 때문에 한 손에 잡히질 않았다. 게다가 넓은 체표면적을 가진 만큼, 양서류 특유의 점액질이 줄줄 흘러넘쳤다. 왠지 찝찝하고, 그보다도 미끄러웠다. 또 한 가지 어려움은 이 녀석의 '힘' 자체다. 절대 손아귀에서 가만히 있지 않는 녀석은 어떻게든 벗어나 보려고 발버둥을 치는데 그 힘이 정말 만만치가 않았다. 힘센 이 녀석을 억누르며 정확히 측정을 하려니 또 여간 쉬운 일이 아니었다. 그래도 측정하는 내내 긴장을 놓치지 않은 덕에 우리는 무사히 작업을 끝낼 수 있었다.

늦센긴발가락개구리 외에도 브라질너가는다리나무개구리, 날씬이 아놀도마뱀, 아성체 한 마리를 포함한 네 마리의 갈기숲두꺼비, 세줄독개구리, 아마존채찍꼬리도마뱀, 마드레드디오스긴발가락개구리, 라이클도둑개구리 등의 측정을 마쳤다. 하이라이트는 단연 데메라라계곡나무개구리(Demerara falls tree frog, *Hypsiboas cinerascens*) 두 마리였다. 이 녀석들은 이곳에서 내가 가장 보고 싶었던, 조금 과장해서 이야기하자면 내가 이곳에 온 이유였다. 자그마한 크기와 밝은 초록색의 몸바탕에, 선명한 노란색과 검은색이 대비를 이루는 눈, 그리고 내부 기관의 형태가 들여다보이는 반투명한 배면까지. 귀엽고 예쁜 데다 신기하기까지 한 이 녀석은 그야말로 내 '취향 저격'이었다. 그래도 이곳을 떠나기 전에 발견해서 어찌나 다행인지. 어쩌면 이렇게 만날 수밖에 없는 운명이었을지도 모르겠다. 내 눈앞에 나타나 주어 나로서는 정말 고마울 뿐이다. 제아무리 '절대(미약한 인간이 제어할 수 없는)' 자연이라지만, 간절히 바라고 또 바라면 때론 이루어 주기도 하는 것 역시 자연인가 보다.

● 내가 그토록 만나고 싶었던 데메라라계곡나무개구리! 영롱한 연두색 체색이 너무나 아름답다.

1~3 데메라라계곡나무개구리는 유리개구리처럼 배면을 통해 체내 장기가 훤히 들여다보인다.
4 비닐봉지에 붙은 녀석을 밑에서 촬영했더니 납작한 녀석의 모양새가 은근히 깜찍하다.
5, 6 가만히 녀석의 눈을 들여다보고 있자니 흰색보다는 노란색에 가까운 '노른자'에 수평의 '검은자'가 독특하다.

7~9 캠프 앞에서 똥인지 흙인지 모를 무언가를 열심히 굴리던 소똥구리들.
인간이나 큰 동물에게 짓눌릴지도 모르는 위협적인 상황에 항상 노출되어 있으면서도,
쉬지 않고 꿋꿋이 나아가는 모습을 보니 새삼 느끼는 바가 많다.

점심을 먹고, 나른한 오후를 만끽하려 해먹에 누웠다. 우리 캠프에는 해먹이 세 개가 설치되어 있지만 캠프 뒤편의 숲을 바라볼 수 있는 것은 내가 누운 해먹 하나뿐이다. 이곳에 가만히 누워서 뒷마당과 숲속의 미세한 움직임들을 관찰하는 것만으로도 나의 오감이 충족된다. 아마존채찍꼬리도마뱀들은 뒷마당을 돌아다니고, 간혹 때가 맞으면 저 멀리에 있는 나무의 높은 곳에 앉아 지저귀는 스칼렛마카우를 볼 수도 있다. 아주 운이 좋다면 못 보던 새가 찾아오거나 예전처럼 원숭이들이 나타날지도 모른다. 그렇게 한참을 숨죽이며 야생의 작은 떨림을 찾아 나섰다. 그러다 곧, 낯선 움직임이 내 시야에 포착되었다! 그 움직임은 바로 타이라(Tayra, *Eira barbara*) 혹은 이곳 말로는 망코(Manco)라고 부르는 꽤 큰 족제비과의 녀석이었다. 생김새가 꼭 우리나라의 담비와 비슷하게 생겼는데 좀 더 크고 길면서, 어두운 색의 몸통과 달리 목 언저리와 머리 부근은 밝은 노란색을 띠었다. 한 쌍의 타이라가 숲 안쪽의 나무줄기들을 타고 지나가고 있었다. 이 광경을 혼자 보고 싶지는 않았던 나는, 즉시 무쿠와 브린을 불러 한동안 다 같이 타이라의 어슬렁거림을 감상하였다.

오늘도 어김없이 축구는 계속됐다. 오늘은 우리 캠프보다 하류에 위치한 또 다른 로지에서 시합이 벌어졌다. 처음 가 보는 로지였는데, 꽤 럭셔리한 것이 경기장도 제법 잘 다듬어져 있었다. 본격적인 축구판이 벌어지기 전, 로지를 둘러보다 어딘지 가까이에서 계속 아기 울음소리 같은 것이 이어졌다. 아기 울음소리라기에는 너무 시끄러워서 소음에 더 가까웠다. 정체를 알 수 없는 울음소리에 결국 궁금증이 폭발하고 말았다. 함께 경기를 구경하러 온 나탈리에게 물어보았더니 로지 건물 꼭대기에 마카우가 있다고 한다. 이곳에서 나고 자라지는 않았어도, 이곳에서 길들인 녀석이라 항상 지붕에 머무는 녀석이란다. 나와 카라는 놀라움을 금치 못하고 곧바로 꼭대기로 향했다. 그리고 그곳에는 정말 식사 중인 블루앤옐로우마카우가

● 처음 가 봤던 하류의 로지. 카이만악어를 포함해 다양한 동물의 두개골 표본이 먼저 눈에 들어왔다. 저 뒤로 시크릿 포레스트의 가족, 에리도 사진에 나왔다.

있었다! 아무리 길들였다고는 하지만 녀석은 확실히 야생 개체다. 어디에
도 묶이지 않았고 스스로 원해서 이곳에 앉아 씨앗을 쪼아 먹는 것이었다.
녀석이 식사에 집중하는 덕에 다행히 가까이에서 사진을 찍을 수 있었으
나, 행여나 녀석이 나의 방해에 앙심을 품고 거대한 부리로 쪼아 올까 노심
초사해야만 했다.

무사히 마카우 사진을 찍고, 오늘은 나도 축구 경기에 참여했다. 더위
가 한풀 꺾인 시간이라 그리 힘들지 않게 즐길 수 있었다. 장화 축구는 발이
무척 아팠지만, 처음 보는 현지 사람들과 한 팀이 되어 눈빛으로 소통하며
재밌게 어울렸다. 이 로지에서 생활하는 많은 현지인은 나를 처음 봄에도
불구하고 친근하게 대해 주고 배려해 주어 고맙기까지 했다.

● 손에 잡힐 듯한 거리에서 만난 블루앤옐로우마카우. 부리가 어찌나 크게 느껴지던지.
나같은 겁쟁이에게는 이 녀석이 인간에게 익숙하다는 사실이 매우 다행스러웠다.

축구가 끝난 뒤 다시 캠프로 돌아왔다. 한참을 놀았으니 다시 일을 나설 차례였다. 오늘 아침 브린과 무쿠가 새로 만든 바이퍼 폴스로 가는 길을 숙지하기 위해 카라, 아비, 니나와 같이 무쿠를 따라갔다. 그러나 아직 지나간 흔적이 적은 길이다 보니 길이 험했다. 게다가 슬슬 해가 지면서 어두워지기 시작했는데 나와 아비는 헤드랜턴까지 두고 나온 데다, 카라와 무쿠의 랜턴마저 빛이 약했다. 해가 질 것을 충분히 예상하지 못한 탓이다. 어찌어찌 험난한 길을 지나 바이퍼 폴스에 올랐다가, 내려올 때가 되니 거의 깜깜했다. 무쿠와 카라, 니나의 랜턴 불빛 세 줄기에 의지해 다섯 명이 신속히 숲을 벗어나야 했다. 지나다닌 흔적이 적은 새 길은 어둠 속에서는 더욱 찾기가 어려웠다. 앞서가는 동료를 믿고 그의 흔적을 따라 한 걸음, 한 걸음 조심히 내딛다 보니 어느덧 친숙한 길에 무사히 다다랐다.

저녁을 먹는 중에 치키 아저씨가 나타났다. 3일간의 낚시, 3일간의 도시 생활을 끝내고 6일 만에 돌아온 것이었다. 오늘따라 치키 아저씨가 왜 이렇게 반가운지, 나답지 않게 괜한 살가움도 부려 봤다. 저녁식사 후에는 이유를 알 수 없는 갑작스러운 두통과 감기로 몸져눕고 말았다. 결국 나는 조사를 나가지 못했다. 아무래도 오늘은 축구와 긴장으로 체력 조절에 실패한 것 같다.

죽음의 위기를 넘기다

어느덧 새로운 해의 첫 달도 마지막 날이다. 이는 곧 내가 떠날 날도 그리 머지않았음을 의미했다. 오늘은 캠프 뒤편 저 멀리에 둥지를 튼 마카우가 드디어 찍히기 좋은 위치에 자리 잡고 있었다. 이곳을 떠나기 전, 꼭 스칼렛마카우를 카메라에 담고 싶었던 나는 신이 나서 그들을 향해 셔터를 눌렀다. 렌즈도 바꿔 보고, 노출과 감도를 이리저리 맞춰 가며 스칼렛마카우만 수백 장은 찍었을 것이다(나중에 세어 보니 약 700장이었다). 녀석들도 이런 나의 노력에 부흥해 주는 듯, 날개를 펼쳤다 접었다 다양한 포즈를 잡아 주었다. 가까이 사는, 저토록 아름다운 녀석들을 그냥 두고 떠나기에는 아쉬움이 너무 짙던 차였다. 돌아가기 전 커다란 소원 한 가지를 이룬 것 같아 너무나 다행스러웠다. 사진을 다 찍고 나서도, 해먹에 앉아 계속 녀석들을 관찰했다.

꼭 내가 조사에 불참하는 날마다 진귀한 동물들이 잡혀 온다. 어제는 어린 아마존고리무늬뱀이 잡혔다. 지난번에도 한 번 본 적이 있는 종이었지만, 어린 개체가 잡히니 또 느낌이 색다르다. 무늬도 아름다운데, 크기까지

1~3 수백 장 중 엄선한 스칼렛마카우 사진들. 빨간색, 노란색, 초록색, 파란색이 어우러진
그들의 색감이 경탄스럽다. 정답게 노니는 한 쌍의 모습에서 슬며시 부러운 마음이 든다.
멀리서 찍고 잘라낸 사진이어서 화질이 좋지 않아 아쉬운 사진들이다.

앙증맞아 더 예쁘게 느껴진다. 마치 누군가 특별히 디자인하고 생명을 불어넣은 예술작품을 다루는 것만 같았다. 모두들 측정은 뒷전이고 이 녀석의 아름다운 외모를 감상하는 데에 열중이었다. 큰땅뱀(Big ground snake, *Atractus major*)이라는 희귀한 녀석도 있었다. 이 녀석은 주로 땅속에서 생활하기 때문에 찾기가 여간 어려운 게 아니라던데, 그 어려운 일을 무쿠가 또 해냈다. 낙엽 위에 똬리를 틀고 웅크리고 있던 것을 찾아냈단다. 낙엽 위에서는 이 녀석의 위장색이 위력을 더했을 것임에도 그것을 잡아낸 무쿠도 참 대단하다. 땅을 파고 들어가기에 적합하도록 진화된 뭉툭한 머리가 먼저 눈에 띈다. 땅속 동물을 주로 먹고 사는 녀석답게 이빨도 그리 날카로워

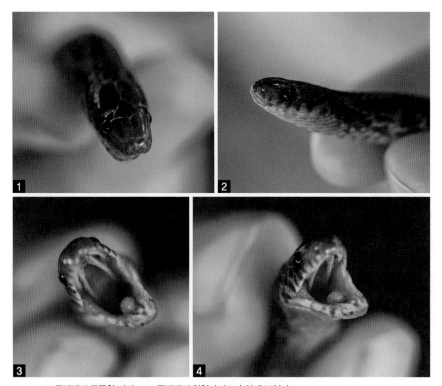

1, 2 큰땅뱀의 뭉툭한 머리 3, 4 큰땅뱀의 위협마저도 순하게 보인다.

5 낙엽 또는 나무의 색과 비슷한 큰땅뱀의 등면 6 큰땅뱀의 배면

보이진 않는다. 녀석에겐 미안한 얘기지만 뱀치고는 어딘지 모자라 보이는 모양새다. 순한 모습이랄까? 그리고 여느 때와 같이 갈기숲두꺼비도 잡혀 있다. 핏폴트랩을 확인하러 나갔던 아비와 카라가 돌아오더니 갈기숲두꺼비 아성체를 한 마리 더 추가했다. 이쯤 되니 이제 이 녀석들은 못 잡으면 섭섭할 지경이다. 마지막으로 잡혀 있던 종은 마모레강도둑개구리로, 우리 캠프 근처를 포함해 숲 여기저기서 들어 온 '깩깩깩-' 하는 울음소리가 친숙하던 녀석이다. 며칠 전에 이어 이토록 자주 만나니 감회가 남다르다. 생각보다 생김새는 밋밋해서 실망스러웠지만 익숙한 울음소리의 주인공을 이렇게 자세히 마주하니 반갑기도 했다.

잠시 짬이 나 책을 읽던 도중에 테구도마뱀 하나가 출현했는데, 이 재빠른 녀석은 내가 브린을 부르는 사이 순식간에 사라져 버렸다. 아마도 내가 브린을 부르는 소리에 놀라 달아난 듯했다. 브린이 함께 확인해 주지 못했기 때문에 생생한 동정은 할 수 없었지만 몸과 꼬리에 검은색과 노란색 혹은 흰색의 줄무늬가 반복되었던 것으로 보아, 아마도 *Tupinambis* 속인 블랙앤화이트테구도마뱀(Black and white tegu, *Tupinambis merianae*) 혹은 골든테구도마뱀(Golden tegu, *Tupinambis teguixin*)이었을 것이다. 테구도마뱀이 지나가고 이번에는 오로펜돌라가 나타났다. 원래 우리 캠프 앞마당의 키 큰 나무마다 둥지를 매달아 놓고 종종 찾아오곤 했었는데, 한참을 안 보이다가 다시 나타난 것이다. 웬일인지 꽤 긴 시간 동안 다양한 노랫소리를 들려 주어서 덕분에 염원하던 녹음도 해내었다. 게다가 때마침 내리친 천둥소리에 놀란 작은 새들이 정신없이 지저귀며 날아다니는 바람에 덩달아 오로펜돌라 여러 마리도 뒷마당에 날아들었다. 아주 운이 좋게 날아가는 순간을 포착해 사진으로 남겼다. 오늘도 장망원렌즈가 있었다면 참 좋았을 텐데, 아쉽기만 하다.

그런데, 오로펜돌라로 끝이 아니었다. 이번에는 잎꾼개미들 차례였다.

오로펜돌라 사진을 찍으려 캠프 이곳저곳을 다니다 보니 우연히도 잎꾼개미의 작업 현장을 포착할 수 있었다. 이제껏 종종 마주쳐 왔듯이, 자른 나뭇잎을 들고 줄줄이 운반해 가는 잎꾼개미들의 행렬을 보는 것은 이곳 열대우림에서 그리 어려운 일이 아니지만, 이렇게 나뭇잎을 가공하는 모습은 흔치 않은 것이다. 이 또한 수십 장의 사진으로 남기지 않을 수가 없었다. 끝으로 어디선가 들리는 전기톱 소리와 동시에 검은꼬리트로곤(Black-tailed trogon, *Trogon melanurus*)이 날아왔다. 이번에는 리카르디나까지 함께 촬영 삼매경에 빠졌다. 슬슬 이곳을 떠날 때가 되어서인지, 아니면 특별한 행운이라도 찾아온 건지, 평소에는 잘 볼 수 없던 동물들이 때마침 내 눈앞

● 검은색의 머리와 꼬리, 짙은 청록색의 날개와 대비되는 분홍빛의 배가 눈을 사로잡는 검은꼬리트로곤

에 나타나 주고 있다. 혹시 나를 위해 준비한 그들의 선물인 것은 아닐까? 곧 떠날 날을 떠올리다 벌써부터 서운해하는 내 마음을 그들도 아는 것만 같다.

오후에는 카라, 아비와 함께 핏폴트랩 두 곳을 확인하러 나섰다가 나의 경솔함에 크게 혼쭐이 났다. 오늘은 너클 헤드 핏폴트랩 – 메인 트레일 – 밸리 트레일 – 부트 킬러 트레일 – 바이퍼 폴스 핏폴트랩을 지나는 코스였다. 메인 트레일로 진입하고 얼마 되지 않았을 때 검은 몸에 흰 점이 콕콕 박힌 뱀 한 마리를 발견했으나 셋 다 놓치고 말았다. 문제는 캠프 코앞까지 왔을 때 발생했다. 바이퍼 폴스 핏폴트랩까지 모든 확인을 마치고 부트 킬러 트레일을 따라 캠프를 향해 가던 중이었다. 이제 내 하나만 건너면 바로 캠프 앞인데, 물이 너무 불어난 것이 사건의 발단이었다. 원래 수위가 낮을 때는 익숙하게 건너던 곳이었던 데다, 언뜻 보니 대충 수위를 가늠할 수 있을 것만 같았다. 혹시나 수위가 너무 높다고 해도 우회하는 길은 너무 멀었다. 다들 그냥 재미 삼아서라도 수영해서 건너가자며 의견을 모았다. 첫 번째 도강(渡江)은 카라의 차례였다. 물속에 발을 담그고 점점 옷을 적셔 가며 강의 중간을 향해 가던 그녀는, 어느새 발이 닿지 않는지 헤엄을 치기 시작했다. 겨우겨우 강의 건너편에 닿은 그녀는 '절대 장화를 신은 채로 물에 들어오지 말라'며 우리에게 다급히 경고했다.

그러나 나는 이 지점에서 경솔을 범하고 말았다. 내 장화는 다른 장화들과는 달리 발목에 조임끈이 있어 그것을 믿고 카라의 조언을 가벼이 넘겨 버린 게 화근이었다. 두 번째 차례였던 내가 이 조임끈을 가능한 한 힘껏 조인 뒤 물에 발을 담그자, 얼마 가지 않아 나도 모르는 사이에 강물이 장화 안으로 흘러들어 오기 시작했다. 물이 들어오는 것을 막아 줄 줄로만 알았던 이 조임끈은 되레 들어온 물이 다시 나가는 것을 막아 버렸다. 그렇게 흘러 들어온 물은 장화 속에 갇힌 채 내 발은 점점 무거워져만 갔다. 이제는 장화를 벗을 수도 없었다. 냇물의 수위마저 얕보았던 나는, 냇가의 중간 즈음에 이르자 딱 내 머리 높이까지 차오른 수위 때문에 물속에서 꼼짝을 할 수 없는 신세가 되었다. 어떻게든 코와 입을 수면 위로 내보내 숨을 쉬려고 해도, 무겁고 벗지도 못하는 장화 때문에 도통 몸이 떠오르질 않았다. 밑으로는 장화를 벗으려 발버둥을 치고 위로는 숨을 내쉬려 정신없이 헤드뱅잉을 해댔다. 그렇게 거의 1분 동안 산소는 고사하고 흙탕물만 마셨을 것이다. 다행히 아비가 튼튼한 나뭇가지를 찾아내어 내게 내밀지 않았더라면, 혹은 조금이라도 뒤늦게 내밀었더라면, 지금의 나는 더 이상 존재하지 않을지도 모르겠다. 나중에 듣고 보니 그가 내민 나뭇가지를 내가 워낙 세게 잡아당겨서 아비 자신도 물에 빠질 뻔했다고 한다. 이후로는 당시 생명의 은인인 아비를 볼 때마다 너무나 큰 고마움과 미안함이 가슴속에 울렸다. 태어나 처음 느껴 보는 삶과 죽음의 경계, 절체절명의 순간이었다. 뭍으로 나오고 보니 내 장화 한쪽은 어딜 갔는지 보이지 않았다. 나는 그것이 내 발에서 떠났는지도 전혀 모르고 있었다. 나의 필사적인 발버둥이 어느샌가 성공했던 모양이었다. 그렇게 장화를 신은 채로는 결코 수영을 해서는 안 된다는 생존의 교훈을 배웠다. 결국 나는 캠프에 남아 있던 이름 모를 옛 팀원들의 오래된 장화 중에서 사라진 한쪽을 대체했고, 그렇게 해서 내 장화는 짝짝이가 되고 말았다. 우리 셋은 캠프에 도착해 무사 귀환을 확정 짓고서야 내가 죽을 뻔했던 이야기로 웃음꽃을 피울 수 있었다.

브린은 어느새 이제까지의 데이터를 얼추 가공해 놓았다고 했다. 나와 팀원들을 부르더니 너클 헤드와 바이퍼 폴스 각각에 대해 핏폴트랩에서의 종 누적 그래프*를 보여 줬다. 너클 헤드와 바이퍼 폴스의 결과를 비교하기에 앞서 두 지형의 차이를 먼저 논해야 한다. 너클 헤드는 이차림(secondary forest)에 가까운 일차림(primary forest)이면서 범람원(flood plain)으로 비교적 습한 저지대인 반면, 바이퍼 폴스는 일차림이면서 건토(tierra firme)로 비교적 건조한 고지대라고 할 수 있다. 이렇게 두 곳의 종 누적 그래프를 비교해 보니 양쪽 모두 채집된 총 종의 수는 15종이었다. 그러나 이렇게 같은 수준의 종 다양성이 확보되기까지 바이퍼 폴스는 90일 정도가 소요된 반면, 너클 헤드는 그 절반 정도만이 소요되어 훨씬 빠른 시일 내에 같은 수준에 도달하였다. 확실히 양서류와 파충류에게는 습한 곳이 더 적합한 서식지라는 것이 간접적으로나마 증명된 셈이다. 습한 저지대에 더 많은 종이 서식하는지는 아직 확신할 수 없지만 적어도 더 활발히 활동하는 것만은 틀림이 없을 것이다. 경험으로만 추측하던 것을 이렇게 수치로 정량화해서 확인하니까 또 받아들여지는 느낌이 다르다. 이렇게 이제까지의 결과를 우리 앞에 내보인 브린은, 내가 떠나기 전 양서파충류 팀 시험을 보겠다며 우리 셋을 앞에 두고 공언하였다. 도대체 어떤 시험을 보겠다는 것인지 아직 아무 감도 오지 않지만 어떤 것이든 자신 있게 받아들일 수 있으리라 내 스스로를 믿어 본다.

아픈 니나를 두고 무쿠, 카라, 아비와 함께 동물들을 놓아줄 겸, 개울 줄기를 확인하러 나섰다. 캠프 근처에는 탐보파타강으로 흘러들어 가는 개울 줄기가 굽이굽이 이어져 평소에도 한 번쯤 이 물줄기를 따라 탐색에 나서보고 싶었다. 이런 나의 기대는 나를 배신하지 않았다. 개울에 들어선 지 얼마 되지 않아 아마존나무보아뱀(Amazon tree boa, *Corallus hortulanus*)을 찾아냈다! 내가 처음 찾아내는 꽤 큼지막한 뱀이었다. 내 앞에는 무쿠와 카라가 앞장서서 갔는데, 그들이 무심코 지나간 것을 내가 포착해 낸 것이다. 이 녀석은 당황스럽게도, 내가 지나가던 바로 옆 나무의 내 눈높이에 매

---

* 종 누적 그래프(species accumulation graph)
　시간이 지남에 따라 혹은 채집 횟수가 증가함에 따라 채집된 종의 수를 누적한 그래프이다. 일반적으로 로그(log)형을 띤다.

달려 있었다. 그러고도 앞선 둘이 그냥 지나가기에 나는 내가 잘못 본 줄로만 알았다. 오죽하면 녀석을 발견하자마자 내가 내뱉은 첫 마디가 "Is this a snake?(이거 뱀이야?)"였을까. 색도 옅은 회색이어서 나무줄기와 흡사했다. 사실 나도 첫눈에 바로 알아보지 못했다. 아무튼 이 녀석만으로도 오늘의 조사는 충분한 수확이었다.

하지만 곧 이어서 아주 좋지 못한 일이 벌어졌다. 어느새 내 바로 앞에 가던 아비가 나뭇잎 뒤의 말벌집을 건드린 것이다. 성이 난 말벌들은 구름 떼 같이 일어나며 아비를 공격했다. 그는 곧바로 물속으로 뛰어들었음에도, 눈 위, 이마 등에 셀 수 없을 만큼 많이 쏘이고 말았다. 왜인지 바로 뒤에 있던 나는 벌들의 공격 대상에서 제외되었다. 벌들에게도 어떤 기작이 있는지, 다행히도(?) 아비 외의 다른 팀원들은 전혀 다치지 않았다. 오로지 아비만 한참 동안 고통 속에 몸부림치며 생고생을 해야 했다.

돌아오는 길에 내가 우연히 페루흰입술개구리 아성체를 한 마리 추가했고, 그것으로 오늘의 조사도 마무리되었다. 오늘은 어쩐지 달빛이 강하다. 숲 사이사이로 내리쬐는 달빛 줄기에 한밤중에도 어둠이 깃들지 못하는 그런 밤이다. 이 아름다움을 함께할 날도 얼마 남지 않았다는 사실에 깊은 아쉬움만이 내 마음을 감돈다.

이 주의 팀원

'방수(Water-proof)'라고 하던 새 헤드랜턴이 결국 고장이 났다. 아무리 버튼을 눌러도 꺼지지도, 모드 전환도 되질 않는다. 결국 남은 기간 동안에는 배터리만 따로 충전했다가 필요할 때만 배터리를 끼워 써야 할 것 같다. 이 고장 난 헤드랜턴을 써야 할 날이 얼마 남지 않았다는 것만은 차라리 다행이다.

오늘은 핏폴트랩 확인을 나간 나나, 아비, 카라와 시험 문제를 내는 브린을 기다리느라 점심 이후에야 측정을 시작했다. 핏폴트랩에서 잡아 온 세줄독개구리와 갈기숲두꺼비, 어제 잡아 온 페루흰입술개구리는 이제는 보아도 별 감흥이 없었다. 그저 흔한 녀석들이라는 건방이 든 것일까. 동정은 고사하고, 측정도 기계적으로 끝마쳤다. 그러나 내가 찾아 잡아 온 아마존나무보아뱀은 얘기가 다르다. 볼수록 신기하고 새롭다. 아마존까지 와서 어울리지 않게 전래동화에서나 듣던 '백사'를 보는 것만 같았다. 들어 보니 이 근처 지역에서는 이 녀석처럼 연한 회색빛 체색을 띠는데, 지역과 생애 주기에 따라 체색이 달라진다고 한다. 이 녀석은 내가 처음 찾아낸 중형 이

1~4 독을 지니지 않았음에도 불구하고 독을 지닌 다른 살모사류(Pit viper)와 비슷한
생김새 때문에 종종 독사로 오인받는 아마존나무보아뱀. 때로는 그로 인해 인간의 손에
희생당하기까지 한다.

1, 2 아마존나무보아뱀의 배면과 등면 무늬. 왠지 어느 명품 브랜드(G사)의 시그니처 패턴이 떠오른다. 3~5 아비의 손에 생각보다 얌전히 자리 잡고 있던 온순한 녀석. 몇 번 물려 본 아비의 말로는 아주 아프지는 않고 주사 맞는 정도의 고통이라고 한다.

6 녀석에게 내 손아귀는 영 불편했나 보다. 내 손에 붙들렸을 때 큰 것, 작은 것 할 것 없이
'실례'를 하고 말았다. 이런 행동도 사실 녀석의 방어 행동 가운데 하나이다. 녀석도 민망했으리라.

상의 뱀이었으므로 내게는 그 의미가 특별했다. 단순히 측정만 마치고 넘길 수 없었던 나는 동료들에게 녀석과의 기념사진을 부탁했다. 꽤나 공격적인 녀석이었던지라 지레 겁을 먹었던 나는, 녀석의 목덜미를 너무 단단히 쥐었다가 오히려 물릴 뻔했다. 중형 뱀치곤 몸이 얇고 연약했던 녀석이 나의 배려 없는 스킨십에 깜짝 놀랐던 모양이었다. 너무 약하게 잡아도, 너무 세게 잡아도 물리기 십상이니 뱀을 다룰 때는 실로 미세한 힘 조절이 요구된다. 그러나 사진에 대한 욕구가 남다른(혹은 사진을 위해서라면 다른 요소들은 신경 쓰지 않는) 아비는 이 녀석의 공격조차 무시하고 수차례 물려가면서도 꿋꿋이 촬영을 이어갔다.

● 우여곡절 끝에 녀석과 찍은 사진. 이렇게 보니 표정부터 겁에 질린 내가 녀석의 목을 조르는 것만 같아 보인다. 녀석은 내 손안에서 얼마나 답답했을까.

오후에는 빨래를 하고, 지난번 도시에서 사온 과자를 서로 나눠 먹다가, 브린이 제공해 준 슬라이드를 보며 시험공부를 했다. 시험 과목은 양서파충류학, 그리고 그것을 위한 방법론들과 데이터 분석 기법이다. 시험공부가 지겨워지면 그간 밀렸던 사진 정리를 했다.

내가 한창 공부에 몰입해 있던 사이, 브린이 '새파랗게 밝은(글자 그대로, 그의 얼굴은 분명 밝은 표정인데 새파랗게 질려 있었다)' 얼굴로 캠프에 돌아왔다. 무슨 일인지 묻기도 전에 그는 아주 인상적인 뱀을 잡아 왔다며 입을 열었다. 뭐냐고 물어보니, 바로 페르드랑스(Fer-de-Lance, *Bothrops atrox*, 국명은 창머리살모사이다)란다. 페르드랑스는 이곳에 처음 온 날, 안전에 관한 주의사항을 듣던 때부터 종종 들어서 꽤 친숙한 이름이었다. 이 녀석은 혈액독을 가지고 있어 물린 대상의 피를 젤리처럼 응고시키는 굉장히 무시무시한 녀석으로, 이 지역에서는 부시마스터와 함께 '내가 더 세냐, 네가 더 세냐' 하며 치명적인 동물 1, 2위를 다투는 녀석이다. 그런 녀석이 우리가 자주 오가던 화장실과 캠프 중간 길목에 웅크리고 있었다는 것이다. 녀석은 브린을 보고도 도망가지 않고 도리어 그를 응시하며 기다렸다고 한다. 누구라도 자칫 크게 잘못될 수 있는 아주 위험한 상황이었다. 한편으로는 그런 녀석을 쫓아내기는커녕, 잡아 온 브린도 참 대단하다. 가만히 두어서는 더 위험하기 때문에 아예 잡아 버렸다는데, 내가 보기에는 그뿐만 아니라 파충류 조사를 향한 그의 책임감과 직업 정신도 크게 한몫했던 것 같다. 아무리 사람들이 모여 지내는 캠프라지만, 정글은 정글인가 보다. 정글에서는 한 발짝, 한 발짝 조심해야겠구나 싶으면서도, 동시에 이게 조심한다고 해결되는 일인가 싶기도 하다. 이 녀석 입장에서는 어쩌다 운도 지지리도 없이 하필이면 브린 눈에 띄어 가지고는…. 이곳에서는 정말 바람 잘 날이 없다. 하루하루가 참 새롭다.

우리 캠프에서는 매주 '이 주의 팀원(Camper of the week)'이라며 그 주

● 알림판에 '이 주의 팀원'으로 선정된 나에 대한 소개

의 활약이 가장 눈부셨던 팀원을 선정하는데, 오랜만에 알림판을 보았더니 '이 주의 팀원'으로 내가 선정되어 있었다. 갈 때가 다 되어서야 드디어 선정된 것이었지만 그마저도 '나무보아뱀을 찾음(found the tree boa)' 말고는 '거의 익사함(almost drowned)', '방폭 기능(explosion-proof)'(내 헤드랜턴이 선전하던 기능 중 하나였지만 방수도 안 되는 주제에 폭발 방지는 무슨…), '조임끈이 달린 장화를 가짐(had draw string boots)' 등 어제의 사건을 놀리는 것들뿐이었다. 찬사인지, 조롱인지, '이 주의 팀원'보다는 그냥 팀원들의 놀림감이 된 것 같지만 그들 덕에 살아났으니 나는 입이 열 개라도 할 말이 없다.

　밤이 되어 오늘 조사에 불참을 선언한 브린과 무쿠를 제외하고 나, 아비, 카라, 니나가 동물 방생 겸 조사를 나가기로 했다. 자연스럽게 내가 리더가 되어 팀을 이끌었다. 떠나기 직전, 리더로서 활약할 기회를 처음 가지게 된 것이었다. 그러나 소중한 나의 기회는 곧 날아가고 말았다. 원망스러운 하늘이 무심하게도 나를 외면해 버렸다. 원래 계획은 동물들을 모두 놓

1, 2 자연 속에 놓아주자 몸을 꼿꼿이 세우고 더 높은 가지를 향해 나아가는 아마존나무보아뱀

아주고 선 조사까지 끝내는 것이었으나 첫 방생 대상인 아마존나무보아뱀을 놓아주자마자 폭우가 퍼붓기 시작했다. 빗소리에 말소리가 묻혀서 상황은 더 급박해져만 갔고, 끝끝내 우리는 계획을 접고 급히 철수해야만 했다. 더 이상 불편함을 겪도록 내버려 둘 수 없었던 이 가여운 동물들만 신속히 제 집에 데려다주고는 우리도 재빨리 집으로 향했다. 다음 기회가 다시 있으려니 생각하며 스스로를 다독여 보지만 이래저래 아쉽기만 하다.

페르드랑스

오늘은 대망의 페르드랑스를 건드리는 날이었다. 상황의 열악함, 그리고 녀석의 맹독성과 공격성은 전날부터 우리를, 이 녀석을 다루어야만 하는 우리를 근심과 걱정에 빠뜨렸다.

먼저 녀석을 꺼내기에 앞서 우리는 리허설에 돌입했다. 이 치명적인 녀석을 여느 뱀들처럼 직접 만져 가며 측정할 수는 없는 법. 먼저 안전하고도 효율적인 방법을 고안해야 했다. 처음에는 이전에 산호뱀 측정을 시도했던 것처럼 넓고 무거운 유리 조각으로 녀석을 위에서 눌러 움직임을 제한하고 그 유리 위로 몸 선을 따라 그리기로 했다. 그러나 이 방법을 적용하기에는 녀석의 힘이 너무 세고 몸통도 길었다. 그래서 다시 머리를 맞대어 생각해 낸 방법은 큰 유리 수조에 녀석을 가두고, 유리 수조를 띄워 수조 아래쪽에서 재빨리 몸 선을 따라 그리는 것이었다. 이를 위해 우리는 있는 장비, 없는 장비를 모두 찾아 모으기 시작했다. 먼저 어딘가 구석에 숨어 있던 유리 수조를 꺼내고, 유리 수조 위를 덮을 만한 버려진 모기장을 찾아왔다. 가벼운 모기장은 붕 뜨기 마련이므로 이 모기장을 누르기 위해 바닥에 돌아다니던 침대 사다리 여분도 구해 왔다. 기본적인 세팅과 역할 분담은 다음과 같았다. 우선 의자 두 개를 받쳐 그 위에 유리 수조를 올려 두고 브린이 녀석을 유리 수조 안으로 투입한 뒤, 그 위로 모기장을 덮음과 동시에 침대 사다리로 눌러 준다. 그러면 아비가 수조 밑으로 들어가 재빨리 몸 가운데를 따라 선을 그리는데, 이때 의자로 막힌 부분에 위치한 뱀의 몸통 부분도 그려야 하므로 그동안은 나와 무쿠가 수조를 잠시 들고 카라가 조심히 의자를 뺐다가 되돌려 놓는다. 그리고 직접적인 측정이 아닌 만큼, 부정확할 것을 고려하여 이 선을 두 번 그려서 그 평균값을 이용한다. 우리는 이런 리허설을 세 번이나 반복하며 '신속·정확'을 미리 숙달했다.

그러고 나서 브린은 손에 얇은 실험용 라텍스 장갑을 끼고 그 위에 다시 두꺼운 가죽으로 된 뱀잡이용 장갑을 꼈다. 더불어 잘라 낸 고무장화의 발목 부분을 팔 보호대로 착용하며 본격적인 측정에 앞서 만반의 준비를 마쳤다. 곧이어 브린은 마침내 뱀 주머니를 들고 왔다. 주머니는 대충 봐도 묵직해 보였다. 다들 만반의 준비가 됐음을 확인하고 의자 위에 미리 올려 둔 수조 안에 조심스레 주머니를 열어 뒀다. 녀석이 주머니 밖으로 나오도록 유도하면서, 뱀잡이 갈고리로 언제든 녀석을 제압할 수 있도록 만약을 대비했다. 그런데 웬일인지 주머니 밖 세상으로 나온 녀석은 의외로 온순했다. 우리를 경계하며 혀를 날름거리기는 하였으나 전혀 공격의 기미를 보이지 않았다. 브린이 보아도 확실히 어제보다 움직임이 덜하단다. 어제는 막대기를 물고 뜯고 난리법석이었다고 하던데…. 우리는 철저한 준비와 녀석의 협조(예상치 못한) 덕에 두 번의 측정 모두를 무사히, 그리고 신속·정확히 끝낼 수 있었다. 다 끝나고 보니 준비부터 실제 측정까지 이 녀석을 다루는 데에만 한 시간이 넘게 걸렸다. 무서운 녀석이라고는 하지만 삼각형의 창형 머리(lance head)와 얇실한 눈매가 참 인상적이었다. 나머지 다홍치마나 무개구리, 갈기숲두꺼비까지 곧 측정을 끝냈다.

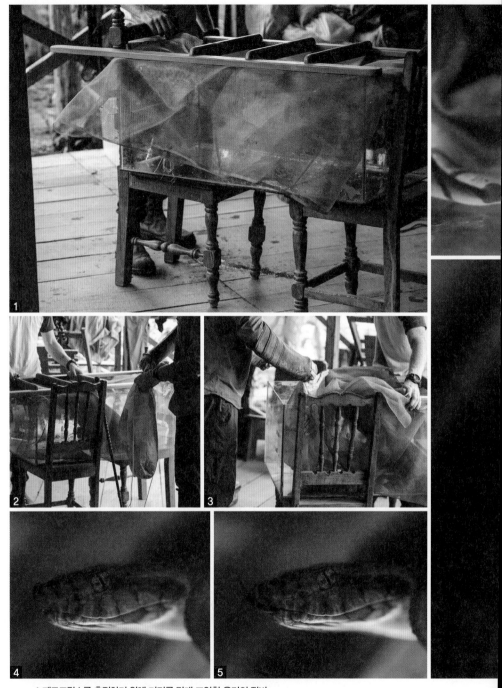

1 페르드랑스를 측정하기 위해 머리를 맞대 고안한 우리의 장비

2, 3 만반의 준비를 마친 브린이 드디어 페르드랑스를 수조 안으로 풀고 있다.

4~6 다양한 각도에서 본 페르드랑스의 모습
7 수조 내에서도 그 위용을 뽐내는 페르드랑스의 날렵한 모습.
살모사류의 독사답게 부릅뜬 눈매가 제법 매섭다.

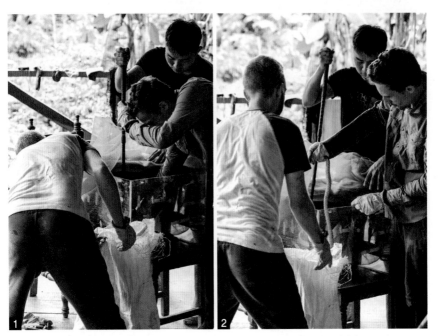

1, 2 측정을 마친 녀석을 주머니에 되돌려 넣는 것도 장정 셋이 끙끙거리며 달라붙어서야 겨우 해내었다.

낮에는 내일 있을 시험공부로 시간을 모두 보냈다. 한국에서의 학업에 지쳐 이곳 정글까지 피신을 왔건만, 여기서도 이렇게 시험공부에 매몰될 줄이야. 어느새 우리는 저녁식사도 끝내고 식탁에 모여 앉아 각자의 진로 얘기를 했다. 대학원을 갈 것이냐, 취직을 할 것이냐. 이쪽 분야에 몸담은 사람이라면 누구나 끊임없이 품게 되는 거대한 고민거리다. 나의 경우야, 어릴 적부터 어느 정도 모양새가 갖춰져 있었지만, 아비와 무쿠는 여전히 고민이 깊은 모양이었다. 그래, 사실 나처럼 쉽게 결정되어서도 안 될 문제다. 어쩌면 더 이상의 고민이 없는 나보다, 실컷 방황하는 저들이 더 옳을지도 모르겠다. 고민과 방황에도 때가 있을 것이다.

리타 아주머니가 슬쩍 자리를 잡더니 조심스레 말문을 열었다. 처음에는 우리를 자신들만의 생활 구역에 받아들이는 것이 걱정스러웠지만 이제는 완전히 한 가족이 된 것 같다는 이야기였다. 그런데 곧 우리가 연구 지역을 옮길 시기가 다가온다고 하니 너무 아쉬운 마음이 든다고 했다. 그러나 그녀도 언젠가는 헤어져야 함을 알고 있었을 것이다. 이별 이야기를 들으니 내가 떠날 날이 거의 다 되었다는 사실도 새삼 떠올려 보게 됐다. 이곳을 떠난다는 것, 이 사람들을 떠난다는 것. 아직은 그리 실감이 나질 않는 일이다.

밤이 무르익고, 몇 번 남지 않은 숲으로의 나들이를 나갈 시간이 됐다. 특히나 오늘은 페르드랑스 녀석을 돌려보내야 했기 때문에 나와 아비는 번거로움을 무릅쓰고 카메라 장비들까지 두둑이 챙겨 갔다가 다시 캠프에 가져다 둔 뒤 재합류하기로 하였다. 곧바로 우리는 녀석을 풀어 줄 로깅 트레일로 움직였다. 방생 장소를 로깅 트레일로 결정한 까닭은 아무래도 이 트레일의 이용 빈도가 가장 낮다 보니 우리에게나 그 녀석에게나 마음이 가장 편할 것이었기 때문이다. 혹시라도 그 녀석을 다시 만났다가는, 그 녀석이 다시 잡히든, 우리 중 누군가가 병원으로 향하든 또다시 물러설 수 없는 정면승부가 벌어질 것이었다. 어쨌든 우리는 로깅 트레일을 따라 깊숙이 들어가 수풀이 우거진 적절한 장소를 골라서 녀석에게 자유를 되돌려 주었다. 육지를 따라 움직일 줄만 알았던 녀석은 반수상성(半樹上性, Semi-arboreal) 생물처럼 관목층의 낮은 나뭇가지를 타고 움직이기 시작했다. 나와 아비는 때를 놓치지 않고 녀석의 모습을 카메라에 담았다. 계속 플래시를 터뜨려대도, 의아할 만큼 녀석이 별 신경을 쓰지 않는 눈치기에 우리는 용기를 얻어 더 큰 모험을 해 보기도 했다. 다행히 우리가 아주 가까이까지 접근을 해도 녀석은 여전히 공격할 기미를 보이지 않아서, 덕분에 더 좋은 기회를 얻을 수 있었다. 아비는 나보다도 훨씬 무리하게 근접하려고 하다가 좀처럼 반기를 들지 않는 브린이 적극적으로 제지하였다. 사진을 위해 목숨까지 내걸 것만 같은 그가 때론 대단하게 느껴지기도 하지만, 솔직히 그리 바람직하게 보이진 않는다. 책임자인 브린은 뱀잡이 갈고리를 들고

● 나무 덤불을 타고 이리저리 몸을 움직이던 페르드랑스. 다시 만날 일 없이 자연 속에서 행복하길!

계속 녀석을 주시하며 촬영 내내 우리를 안전하게 지켜 주었다. 아무리 보아도 동물들은 역시 자연 속에 있을 때 가장 빛난다. 야생에서 나무를 타고 움직이는 페르드랑스의 모습은 우리에게 진귀한 사진을 선사해 줬다.

녀석을 놔주고 나서 나와 아비는 다시 장비를 가져다 두기 위해 팀과 잠시 떨어졌다가 선 조사 구역에서 다시 합류하였다. 이제 당연하게 느껴지지만, 그 길지 않은 시간 속에서도 사건은 많았다. 캠프로 돌아가는 도중에도 이전부터 한 번쯤 확인하고 싶었던 물웅덩이 근처에서 꽤 큰 페루흰입술개구리를 발견했다가 놓쳤고, 다시 합류하러 가는 길에는 먼저 로깅 트레일에서 쉴 새 없이 잎을 나르던 대형 잎꾼개미 행렬(무려 세 줄의)을 만나 카메라에 기록했다. 이어진 메인 트레일에 들어서서까지, 우리는 나뭇가지에 앉아 있던 브라질너트가는다리나무개구리를 만나 이번에는 기어코 잡고야 말았다. 그렇게 팀에 합류했더니 더 좋은 소식이 기다리고 있었다. 선 조사 A구역에서 이전과는 다른 원숭이개구리를 잡았다는 것이었다! 원숭

● 사진에 보이는 나뭇잎의 행렬이 모두 잎꾼개미다.

이개구리라니, 이곳을 떠나기 전에 꼭 한 번쯤은 더 보고 싶었는데 이 소식을 듣자마자 정말 뛸 듯이 기뻐 탄성을 내지를 수밖에 없었다. 도대체 어떻게 생긴 녀석일까? 너무나도 궁금하다. 어서 내일이 되어 녀석의 모습을 볼 수 있었으면.

브린과 아비, 나 이렇게 셋은 선 조사 C구역을 맡아 조사가 끝날 즈음 핑크빛이 도는 어린 아마존나무보아뱀을 포획했다. 동시에 무쿠와 카라, 니나 셋은 선 조사 E구역에서 작은 검은머리칼리코뱀을 포획해 왔다. 모든 조사를 끝내고 캠프로 돌아가는 길에도 내가 어린 개구리를 채집 목록에 추가했다. 이 녀석은 당장 종을 분간할 수가 없어 내일 제대로 동정을 해 보아야 한다. 내일은 어느덧 내가 조사에 참여할 수 있는 마지막 날이다. 벌써부터 이 멋진 동물들을 다룰 내일이, 내 아마존 여정의 마지막을 장식할 내일이 가슴속에 기대로 벅차오른다.

모든 것의 마지막

어찌 된 일인지 철통같던 보안에 구멍이 뚫렸다. 간밤에 모기가 모기 장 안으로 침투해 나를 쉴 새 없이 괴롭히는 통에 몸을 긁어대느라 밤을 새 웠다. 잠들 수 없는 마지막 날의 아쉬움을 모기도 알았던 걸까. 결국 오늘이 다. 내가 정글에서 보내는 마지막 날. 어느새 시간이 이렇게 흘러 버렸는지. 시계는 벌써 오전 11시 30분을 가리키고 있었다. 끝에 다다른 시간은 어쩐 지 더 빠르게만 흘렀다.

마지막 하루도 일과가 크게 다르지 않았다. 오전에 핏폴트랩에 빠져 있 던 녀석들까지 더하니 오늘은 동정과 측정을 기다리는 동물이 많았다. 다 홍치마나무개구리, 갈기숲두꺼비, 라이클도둑개구리, 카라바야도둑개구 리, 브라질너트가는다리나무개구리, 갈색알개구리, 잿빛정글개구리, 숲채 찍꼬리도마뱀은 이제 익숙해진 지도 오래였으나, 더 이상(아마도 한참 동 안은) 볼 수 없을 것이라는 생각에 한 녀석, 한 녀석이 소중하게만 느껴졌 다. 물론, 아마존이라는 이 광대한 자연은, 마지막 날도 어김없이 새로운 동물을 소개해 줬다. 이전에 성체를 만나본 바 있었던 무쑤라나 아성체, 아마존나무보아뱀 아성체, 그리고 검은눈원숭이개구리(Black-eyed monkey frog, *Phyllomedusa camba*)다.

사실 이 무쑤라나 아성체는 브린과 무쿠가 동정에 꽤나 애를 먹었다. 성체와 달리 이 종의 아성체는 몸 전체가 아닌 머리만 검은색을 띠고 몸통은 붉은색을 띠기 때문에 얼핏 봐서는 검은머리칼리코뱀과 형태가 아주 유사하다. 사실 어제까지만 해도 우리는 이 녀석이 당연히 검은머리칼리코뱀일 거라 여기고 있었다. 이 두 종을 정확히 동정하려면 배면의 가로줄 비늘 수를 세어야 해서, 브린과 무쿠 둘은 끊임없이 몸부림쳐대는 이 녀석을 붙들고 거의 200개나 되는 비늘을 세어 냈다. 결국에는 어린 무쑤라나로 판명이 났지만, 중간중간 숫자를 잊어버려 몇 번을 다시 셌는지 모르겠다. 어린 아마존나무보아뱀 녀석도 만만치 않기는 매한가지였다. 다만 이 녀석은 동정이 어려웠다기보다 성질머리가 사나웠다. 우리를 잔뜩 경계하며 호시탐탐 송곳니를 박아 넣을 기회만 노렸다. 성질머리와는 달리 예쁜 체색을 가지고 있던 녀석인 터라 좋은 사진이라도 구해 볼 요량으로 카메라라도 들이밀었다가는, 송곳니를 냅다 들어 세우며 잽싸게 달려들기 일쑤였다. 사람 손이고 카메라고 녀석에게는 그저 공격의 대상일 뿐이었다. 끝내 아비는 오늘도 녀석에게 한 방 먹고야 말았다. 아프냐 물어보니 그저 모기에 쏘이는 (저번보단 덜한) 느낌이란다. 녀석에 대한 공포심이 사라진 아비는 아예 대놓고 사진을 찍기 시작했다. 녀석이 송곳니를 치켜 올리고 제 팔을 물거나 말거나 몸통을 붙들고 근접 사진까지 여러 장을 찍었다. 나와 나머지 팀원들은 굳이 이 공포심을 극복하진 않았다.

이 녀석 말고도 꼭 찍어야 할 녀석이 또 있었다. 이 지역에서는 처음 발견한 검은눈원숭이개구리라는 아주 귀여운 친구다. 이전에 만난 줄무늬원숭이개구리와 마찬가지로 이 녀석 역시 뛰는 것을 그리 좋아하지 않아서, 기껏해야 느릿느릿 기어 다닐 뿐이었다. 이 녀석은 녀석만의 두 가지 특별

1, 2 검은머리칼리코뱀과 비슷하게 생긴 어린 무쑤라나

3, 4 브린과 무쿠가 어린 무쑤라나 배의 비늘 수를 세고 있다.

5, 6 성체와 확연히 다른, 밝은 주황색과 검은색의 무늬가 대비를 이루는 어린 아마존나무보아뱀

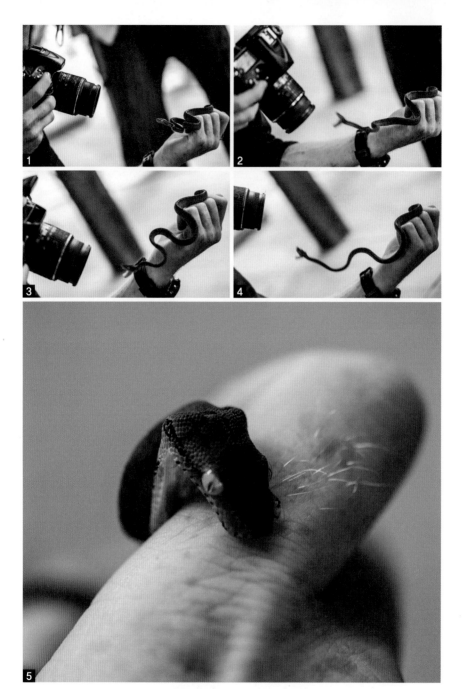

1~4 한시도 가만히 있지 않는 아마존나무보아뱀

5 아니나 다를까 자신을 든 아비의 손가락을 물어 버린 사나운 녀석이다.

6~8 새까만 눈동자가 인상적인 검은눈원숭이개구리. 마치 외계인을 연상시키는 외모다.

함을 가지고 있다. 첫 번째로는 몸통 옆면의 오돌토돌한 '질감'이고, 두 번째는 새까만 눈동자다. 개구리들의 눈동자는 밤이 되면 어두워지고 낮에는 다시 밝아지는 것이 일반적인데, 이 녀석의 눈동자는 낮이고 밤이고 한결같이 새까맣다. 그리고 그것이 우리를 불러 모은 이 친구만의 커다란 매력이었다. 특히나 나는 그 매력에 흠뻑 취해 한참을 촬영 삼매경에 빠져 버렸다. 마침 어제 쓰고 치워 둔 유리 수조가 아직 근처에 있어서 수조를 이용해 색다른 사진들도 건질 수 있었고, 이 친구도 내가 썩 마음에 들었는지 머리 위에도 올라가 사진으로 남겼다. 마지막 날 이렇게 마음에 쏙 드는 녀석을 만나다니. 나도 참 굉장한 행운아인가 보다.

오후에는 슬슬 짐 정리를 시작하고, 시험공부를 하다가 드디어 시험을

1 바나나 잎과 똑 닮은 체색도 참 신기하다.

2, 3 몸통 측면과 배면을 살펴보면 유독 몸통 측면에만 오돌토돌한 질감의 피부이다.

4 우리가 작성하던 야장 위에서 검은눈원숭이개구리의 SVL을 측정했다.
5 다른 동물들과 달리 인간을 피하지 않고 오히려 함께 놀기를 즐기던
이상한(?) 검은눈원숭이개구리

1, 2 검은눈원숭이개구리와 함께 찍은 사진들. 가장 찍고 싶었던 사진이자, 가장 행복하게 찍은 동물과의 사진이다.

치렀다. 시험은 사진을 보거나 소리를 듣고 동정하기, 동정 방법과 조사 및 분석 방법에 대한 전반적인 지식, 이 지역 서식 생물종 전반에 대한 문제들로, 결코 쉽지만은 않았다. 시험 직전까지 아비, 카라와 열심히 서로 맞춰 가며 공부했지만, 나의 채점 결과는 36문제 중 정답 26문제로 스스로의 기대에는 결코 부응하지 못했다. 그러나 우리끼리의 시험에 점수가 무에 그리 대수랴. 다만 점수에 의미를 두었다기보다는 내가 그동안 이곳에서 배우고 익힌 것을 확인했다는 점에 의미를 두어 그 의의가 더 큰 시험이었다. 아직은 더 알아야 할 것이 많다는 사실을 재확인하는 계기이기도 했다. 또 하필이면 시험 중간에 캠프 가까이로 찾아왔다가 떠난 녹색 마카우들을 구경하는 바람에 시험에 집중도 못하고, 바라던 사진도 찍지 못했다. 나에게는 그렇게나 기다려 오던 순간이었지만, 6주간의 생활에 대한 평가를 소홀히 할 수는 없다는 내 나름의 결의 때문이었다. 끝내 시험이 끝나고, 나는 조금은 멀리 떨어진 녀석들의 둥지 앞을 서성였다. 그리곤 아쉬운 마음을 달래며 몇 장의 사진을 건지는 것에 만족해야 했다.

나름 시험공부를 열심히 했더니 이제는 소리만 듣고도 어느 정도 동정

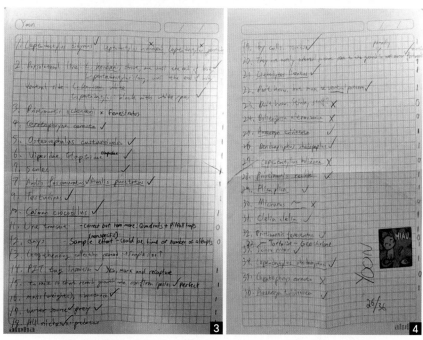

3, 4 6주간의 아마존 양서파충류 조사로 쌓은 지식을 평가한 나의 시험지. 두고두고 아쉬운
점수다. 어디서 구해 왔는지 브린은 나에게 주는 상이라며 'MIAU'라고 적힌 귀여운 고양이
스티커도 붙여 주었다.

이 되는 모양이었다. 공터를 거닐다 로랜드열대황소개구리가 근처에 있다
는 것을 알아채고 금세 찾아내었다. 스스로도 놀랄 만한 발전이었다. 그렇
게 오후를 보내고 저녁을 먹고 나서 치키 아저씨, 리타 아주머니, 보니, 에
리, 보리스, 칼리토, 앤디, 로사 아주머니까지 함께 사진을 남겼다. 그리고
다 같이 놀이를 하며 남은 시간을 함께 보냈다.

시크릿 포레스트에서의 내 마지막 일정은 동물 방생을 위한 야간 조사
였다. 오늘은 특별히 밤의 숲을 기억에 남기기 위해 휴대폰을 들고 나왔다.
먼저 밀림으로 들어가는 길목인 우리 캠프 앞 산란지를 들러 봤다. 행운인
지 불운인지 줄무늬남미물뱀이 나를 배웅해 주러 나와 있다가 내 눈에 포
착된 뒤 브린의 손에 잡혔다. 이후 브린과 아비, 카라가 조금 앞서 걸어가는
새, 나와 무쿠, 니나는 갈기숲두꺼비와 주홍다리나무개구리를 추가했다.

이곳의 개구리를 처음 접하는 니나에게 갈기숲두꺼비를 잡아 볼 기회를 주며 나름의 지도(?)를 해 주기도 했다.

그러나 브린네와 떨어져 있는 동안 우리는 좋은 구경거리를 하나 놓치고 말았다. 우리가 다시 그들과 합류했을 때 듣게 된 충격적인 이야기에 따르면, 그들이 숲을 나아가다가 헤드랜턴 빛을 반사시키는 엄청난 눈빛과 마주쳤는데, 무인 카메라 영상에서만 보던 오슬롯이었다는 것이다! 고양이만한 체격에 재규어의 무늬가 있는 오슬롯은 우리나라로 치면 삵과 비슷한 녀석이라고 할 수 있겠다(최상위 포식자인 만큼 공격성도 상당해서, 다른 지역에 있던 우리 연구 기관의 일원은 녀석에게 극심한 공격을 당해 입원하기도 했다). 개구리들을 포기하고 조금만 빨리 걸어갔더라면 아마존의 포식자를 직접 마주할 기회를 포착할 수도 있었을 텐데. 너무나도 아쉬움이 컸다. 인간을 처음(아마도) 마주한 그 녀석도 브린과 팀원들을 잠시 '관찰'하다가 곧 자리를 떴다고 한다. 나와는 만날 운명이 아니었던 것이겠지.

동물을 놓아주며 걸어가는 길에 무쿠가 이 지역 미기록 종인 헬레나는다리나무개구리(Helena's slender-legged tree frog, *Osteocephalus helenae*)를 새로 발견했다. 곧이어 마지막으로 만난 동물은 오랜만에 다시 본 줄무늬원숭이개구리였다. 이 녀석을 발견한 사람 역시 무쿠였다. 크기도 작은 녀석이 거의 3m가 넘는 나무 위에 앉아 있던 것을 조심히 떨구어 잡아냈다. 다른 한 마리도 근처의 아주 높은 나무 위에 자리 잡고 있었던 걸 보면 나무 앞의 이 연못이 저 녀석들의 산란지인가 보다. 참 신기하게도, 어떻게들 그렇게 자기네 산란지는 귀신같이 알고 모여든다.

어린 검은눈원숭이개구리와 어린 아마존나무보아뱀을 놓아주며 동영상을 남기는 것을 끝으로 오늘의 야간 조사, 나의 마지막 야간 조사도 마무리되었다. 마음은 행복했으나 몸은 고생했던 만큼 이 순간이 오면 시원함과 섭섭함이 공존할 것이라 예상했는데, 시원함보다는 섭섭함이 훨씬 큰

1~3 나무개구리답게 크고 둥근 발가락판을 가진 헬레나가는다리나무개구리. 같은 속 (Osteocephalus)의 브라질너트가는다리나무개구리처럼 길고 납작하게 튀어나온 주둥이를 갖는다. 시큰둥해 보이는 눈동자가 재미있다. (Photo by Avi Terespolsky)

마지막이다. 마음 같아서는 더 머무르고만 싶다. 캠프에 돌아오니 며칠째 고장 나 있던 변기도 언제 고쳐졌는지 이제는 물이 시원하게 잘 내려갔다. 에리가 만들겠다던 캠프 내 빨래터도 꽤 진척이 있어 보였다. 어째 내가 갈 때가 되니 캠프는 더 좋아지는 것 같기도 하고…. 아무래도 내 마음은 아직 이곳을 떠날 준비가 안 되었나 보다.

해피 엔딩

이별의 날. 어느새 이곳 시크릿 포레스트를 떠날 날이 밝고야 말았다. 마지막으로 우리 양서파충류 팀, 연구 기관 팀원들, 그리고 이곳의 현지인 가족들과의 사진을 추억으로 남겼다. 짐 정리를 마무리하며 이 순간을 위해 한국에서 준비해 온 기념 선물들을 나누어 주고, 아끼느라 입지 않았던 옷가지들도 언젠가 쓰일 날을 위해 남겨 뒀다(정글에선 모든 물자가 소중하다). 내가 그들을 기억할 만큼, 그들도 나를 기억해 주기를.

오전 11시, 마침내 배를 타고 필라델피아 선착장으로 향했다. 나를 배웅하러 강가까지 나와 준 고마운 가족들에게 마지막 손인사를 했다. 내가 사랑하던 뱃전의 강바람도 오늘로 끝이었다. 한없이 뭉클해지는 마음을 억누를 수가 없었다. 언젠가, 이곳의 흙을 다시 밟을 수 있는 날이 올까?

양서파충류 팀원들은 모두 나와 함께 선착장으로 나왔다. 차가 오기를 기다리며 마지막 담소를 나누었다. 차는 예상보다 상당히 늦어졌다. 타오르는 뙤약볕 아래, 우리는 어느덧 무료함을 느끼며 이 그늘 저 그늘을 옮겨 다녀야 했다. 하필이면 빨간 반팔 옷, 빨간 반바지, 빨간 가방으로 무장한

1 필라델피아 선착장의 일꾼 휴식처 2 필라델피아 선착장 간판
3 나는 맛보지 못한, 내가 떠나는 날의 점심 메뉴. 치키 아저씨가 잡아 온 준디라
(Jundira, *Leiarius marmoratus*)라는 메기인데 꽤 커 보이지만 아마존에 서식하는
메기치고는 작은 종이라고 한다.

나는 온갖 벌레의 인기를 독차지해서 벌들에게 두세 방을 쏘이고 나서야 결국 다른 색의 긴 옷으로 갈아입었다. 덕분에 거대한 벌, 흰색의 투명한(호랑나비를 닮은) 나비를 볼 수 있기도 했지만. 우리와는 달리 자외선 영역을 볼 수 있는 곤충들은 붉은색에 특히나 반응하는 모양이었다. 온갖 나비, 나방, 벌, 메뚜기가 내 빨간 가방에 날아와 앉아서는, 무얼 그리 빨아 먹고 싶은 것인지 지치는 기색도 없이 무진 애를 썼다. 그 밖에도 저 하늘 높이 비행하는 콘도르를 바라보았는가 하면, 이곳의 로지로 생태 관광을 온 관광객들도 만날 수 있었다.

잠시 생태 관광에 대한 내 의견을 말하자면, 나는 이곳의 생태 관광이 현재로선 가장 이상적인 모델이라고 생각한다. 동물이 주인인 곳을 사람이 주인이 되도록 탈바꿈하지 않고, 동물이 주인인 곳에 사람이 손님으로 찾아오는 식이어야 한다. 우리나라의 생태 관광지나 예전에 여행했던 생태 강국 마다가스카르의 국립공원은 꽤나 현대적인 개발이 이루어져 자연보호지역 내에도 사람을 위한 건축물과 포장도로가 눈에 띄곤 했다. 결국 사람의 편의를 위해 인공물로 동물의 영역을 훼손한 것과 다름없었다. 그러나 내가 본 이곳은 달랐다. 최소한의 지역에만 인간이 지낼 구조물을 짓고 (다만, 스카이타워는 예외다), 그마저도 이곳의 목재 등 자연물을 활용해 만들어서, 동물들 역시 언제든 이를 누릴 수 있게 했다. 포장도로 같은 것은 없다. 그저 장식으로 삼아 통나무 단편들로 몇 군데 길을 이어 놓은 정도다. 인공물로 뒤덮이지 않은 이곳은 어디든 동물들이 찾아와도 이상하지 않다. 실제로 인간이 머무는 곳과 동물이 살아가는 곳의 경계가 없다는 것이 포인트다. 인간이 머무는 곳조차 '자연'스러운 이상, 그곳 역시 동물들에겐 터전이 되는 것이다. 때론 더 많은 동물을 만나기 위해 인간이 숲 깊은 곳으로 들어가기도 하고, 또 때론 강을 찾아 숲 외곽에 자리한 인간의 '임대지'로 동물들이 나오기도 한다. 나는 이것이 생태 '관광'과는 다른, 진정한 '생태' 관광

1 유난히 내 빨간 가방을 좋아하던 벌레들. 이 사진에만 서로 다른 네 종이 보인다.
2 목이 너무 말랐던 걸까. 산호랑나비를 닮은 이 새하얗고 투명한 나비(로스트차일드제비나비
(Rothschild's Swordtail, *Protesilaus earis*)로 추정된다)는 물통을 열심히 핥았다.
3 포대기에 앉아 핑크빛을 뽐내던 붉은테나비(Red rim butterfly, *Biblis hyperia*)
4 정교한 무늬의 날개를 가진 예쁜 BD나비(BD butterfly, *Callicore cynosura*)
5 저 비닐 주머니에는 어떤 달콤한 게 들어 있길래 수많은 꿀벌과 거대한 벌까지 끌어들인 걸까?

이라고 생각한다.

차는 약 두 시간의 기다림 끝에 나타났다. 아마도 오는 길에 문제가 있었나 보다. 기다림이 너무 길었던 것일까. 도시를 나오는 마지막 길은 짧기만 했다. 잠깐 눈을 붙였다 떠 보니 차는 도로를 달리고 있었다. 그리고 얼마 더 가지 않아 나도 곧 호스텔에 도착했다. 도시로 나오는 길에 잊지 못할 기억의 단편이라면, 고속도로를 기어가던 노란꼬리크리보뱀이다. 분명 황색 선 너머의 길가에는 움직이는 노란꼬리크리보뱀이 있었다. 교통의 '최첨단'인 고속도로마저도 자연과 벗하는 곳이라는 인상이 마지막까지 짙게 남았다. 길가를 따라가던 그 녀석도 부디 목적지에 무사히 도착하였기를.

도시로 나와 가장 먼저 한 것은 메일을 확인하는 일이었다. 어쩐지 느낌이 이상했는데, '혹시나' 했더니 '역시나'라고, 내일 타기로 한 비행기가 하루 연기되었다는 소식이었다. 당장 내일인데 이걸 어쩌란 말인가. 나는 내일 바로 근처 도시인 쿠스코로 넘어가 마추픽추를 비롯한 쿠스코 관광을 하기로 예약해 둔 상태였다. 급히 현지 여행사와 메일을 주고받으며 일정을 다시 조율해야 했다. 어느 정도 금액과 일정상의 손실은 있었지만, 내일 다른 항공사의 비행편이 있어서 그나마 다행이었다. 엄청난 긴장과 곤란 속에 꽤 애를 먹긴 했어도 친절한 여행사 덕에 최종적으로는 잘 갈무리하였다.

그런데 이번에는 오기로 한 톰이 나타나질 않았다. 메일에 답장도 없고 연락조차 되질 않았다. 그럼 나는 이제 어떻게 해야 하는 걸까…. 밥은 또 어떻게 먹어야 하는 걸까…. 그러다 기막힌 아이디어가 떠올랐다. 이곳에서 잔뼈가 굵은 내 친구, 앰버에게 물어보는 것이다! 곧바로 SNS에 접속하여 앰버에게 연락을 보냈다. 역시 사회성이 좋은 앰버는 SNS 활동도 활발한지, 금세 답장이 왔다. 그렇게 앰버와의 연락을 통해 우리 연구 기관 명의로 밥값 외상 하는 법을 익히고 뒤늦은 저녁식사를 위해 호스텔을 나섰다. 앰버가 아니었다면, 앰버와 연락이 되지 않았다면 정말 큰일날 뻔하였다.

톰이 아주 원망스럽게만 느껴졌다.

　호스텔을 나와 가장 먼저 들른 곳은 기념품 가게였다. 무쿠가 즐겨 입던 연두색의 나무개구리 티셔츠가 부러워 잊지 못하고 있었다. 몇 군데 기념품 가게를 둘러보다가 기어코 찾아내서는 나도 하나 구했다. 사실 더 우선으로 가야 하는 곳은 양말 가게였다. 아마존 정글의 험한 길을 하루가 멀다 하고 쏘다니다 보니 어느새 가져온 양말이 다 구멍이 나서 더 이상 신을 수가 없었다. 그런데 아무리 돌아다녀도 양말 가게를 찾을 수가 없었다. 다리도 아프고 자포자기하려는 찰나, 보리스를 우연히 마주쳤다. 대형 반려견과 길을 거닐던 그는 나를 보더니 굉장한 반가움을 표하며 어디를 가는 길이냐고 물었다. 양말이 필요한데 양말 가게를 영 못 찾고 있다니까 자기가 나서서 나를 이 가게 저 가게 데려가 주며 양말이 있는지를 대신 물어봐 줬다. 그리고 끝내 어느 브랜드 옷 가게를 찾아내어 나는 괜찮은 양말을 충분히 구할 수 있었다. 정작 보리스는 대형견과 같이 있어서 가게 출입이 자유롭지 못해 나와 다니기가 오히려 불편했을 것이다. 그럼에도 불구하고 그리 친하지도 않았던 나를 위해 함께 가게에 찾아가 주고, 서투른 영어로 통역도 도와주어 얼마나 고마웠는지.

　이 밤만 지나면 나는 이곳을 떠난다. 아마존 밀림의 푸르고 울창한 나무들, 탐보파타강의 누렇고 뿌연 강물은 이제 구경도 못 할 것이다. 정말 아마존과는 안녕인가 보다. 헤어짐을 앞둔 마음이 무겁다. 나 홀로 지내는 이 방의 적막이 그 무게를 더한다. 그렇게 불편한 마음, 고마운 마음, 무거운 마음을 모두 뒤로하고 아마존 도시, 푸에르토말도나도에서의 마지막 밤을 보낸다.

다시 도시에서의
첫째 날

다행히 택시를 예약해 두고 내가 떠나기 전 톰이 나를 찾아왔다. 'Happy emergency'로 부인과 내내 병원에 있었다고 한다. 결과는 임신 두 달 차. 어제는 이해되지 않던 모든 것이 이해되는 순간이었다. 그에 대한 어제의 원망도 눈 녹듯이 사라졌다. 그 원망은 오히려 축복으로 바뀌었다.

내가 탈 비행기의 출발 시각은 아주 애매한 점심 즈음이었다. 기내식은 당연히 제공되지 않고, 공항 근처에 마땅한 식당도 없었다. 그래서 이 나름의 번화가에서 무언가를 포장해 가기로 마음먹고, 내가 좋아하던 화덕 피자 가게에 들러 케사디아를 사서 공항으로 향했다.

어느덧 탑승 시간이다. 마지막으로 톰과 작별 인사를 나눈 뒤 이제 나는 쿠스코행 비행기에 몸을 실었다. 비행기는 곧 맹렬한 엔진 소리를 내며 열대의 나무들로 둘러싸인 활주로를 달리기 시작하고, 금세 창공을 향해 박차 올랐다. 창밖으로 보이는 울창한 나무들은 점점 작아져 한 점의 초록으로 멀어져 갔다. 약 한 시간 후 쿠스코에 도착하면 나만을 안내해 줄 가이드를 만나 나만을 위해 짠 안락한 맞춤 투어를 시작할 것이다. 그런데 편함이

● 내가 좋아했던, 그리운 아마존의 나무

라곤 눈곱만큼도 없던, 그 힘겹던 우림이 벌써부터 그리운 건 왜일까. 어쩐지 내 마음 한구석을 그곳에 두고 온 것만 같다. 나는 평생 이곳을, 긴 듯 짧았던 이곳에서의 시간을 잊지 못할 것이다. 그리고 그 마음 한구석에 대신 자리한 그리움은, 끝끝내 나를 이곳으로 다시 인도해 줄 거라 믿어 의심치 않는다. 꿈속에서나 그리던 지구 반대편의 열대우림은 어느새 내 마음의 고향이 되어 버렸다. 언젠가 다시 만날 그날까지, 아디오스(Adiós), 아마존.

다시 도시에 서서

아마존에서의 경험이 나의 배움에 끼친 영향은 생각보다 컸다. 양서류의 보고에서 오감을 통해 익힌 그들의 습성, 선 조사나 방형구 조사 같은 연구 방법, 게다가 죽음까지 마주했던 현장 체험까지. 이러한 견문과 지식은 오롯이 내 연구에 적용되었다. 나는 한국에 돌아와서도 개구리의 울음소리를 들었고, 방형구를 쳤으며, 얼어붙은 저수지에 미끄러져 풍덩 빠지기도 했다(운이 좋게도 이번에는 조임끈 달린 장화가 아니었다). 하지만 현장 연구의 최전선인 아마존에서 느낀 한계는 나의 환상을 깨기도 했다. 현장에서는 DNA 분석이나 예측 시뮬레이션 같은 정밀 연구가 어렵다는 약점이 있었다. 그래서 현장에만 있으면 현대 생물학의 트렌드를 따라가지 못할 것 같다는 우려 섞인 생각이 나름대로 들었고, 이제는 현장과 실험실을 오가는 연구 분야로 나만의 발을 내딛게 되었다.

사실 내가 아마존에서의 이야기를 글과 사진에 담고, 세상에 알리기로 마음먹은 것도 현대의 트렌드에 발맞춘 또 다른 결정이었다. 더 이상 과학자도 실험실에만 머물러서는 안 된다는 시론에 따라 나만의 '아웃리치(outreach)'를 행하기로 한 것이다. 물론, 아마존에서의 이야기를 전달하기에 나보다 더 적합한 사람은 많았다. 그러나 그들은 그곳에서만 살아서 아마존의 가치를 실감하지 못하거나, 심하게는 아예 그곳을 벗어나지 않거나, 글 또는 사진에 관심이 없거나, 무엇보다 한글을 쓰지 않았다! 주제넘지만 '내가' 해야만 하는 일이라고 생각했다. 학교의 지원까지 받고 이렇게 귀하고 뜻깊은 경험을 다른 사람과 나누지 않는 것은 옳지 않다고 여겨지기도 했다. 내가 많은 이를 대신해 보고, 듣고, 맡고, 맛보고, 만져서 느낀 모든 것을 공유해, 그들이 간접적으로나마 아마존을 체험할 기회를 제공하는 것 또한 보전생물학 연구자로서 내가 해야 할 일이기도 했다.

　돌이켜보니 나를 아마존으로 이끈 것은 외국인 친구가 툭 던진 말 한 마디였다. 양서류의 '유토피아'이자 '엘도라도'인 아마존에 가는 것이 양서류를 공부하는 나의 '버킷리스트 1순위'라는 이야기를 하던 내게 "왜 못 가는데?"라던 그의 가볍고 순수한 의문이 나를 일깨웠다. 나에게 아마존은 그저 환상 속의 세계였지만 친구가 던진 짧은 한 마디 말에 그 세계는 비로소 현실이 되었다. 현실의 아마존은 설렘과 두려움이 공존하는 세계임과 동시에, 나의 꿈을 찬란하게 채워 주는 세계였다. 내 주위로 사람이 아닌 동물이 뛰어다니는 세상, 건물이 아닌 나무들이 우뚝 선 풍경, 인간을 조연으로 자연 스스로 조화를 누리는 무대. 그야말로 '본래 그러해야 할' 세상의 모습을 보는 듯했다. 내가 매료되지 않을 수 없었다. 아마존은 자연스레 내 마음의 고향이 되었다. 아마존을 떠나온 지 어느덧 1년이 넘었지만, 향수는 여전하다. 언젠가 돌아가게 될 것이라는 운명의 연결 고리도 굳게 느껴진다. 끝내 만날 그날을 그려 본다.

　마지막으로, 나를 일깨워 준 한 마디의 주인공인 제시(Jesse Rademaker), 아마존에서 함께한 앰버(Amber Simms), 브린(Bryn Edwards), 무쿠(Tsjino Muku), 카라(Cara shields), 아비(Avraham Terespolsky)를 비롯한 모든 연구 팀원과 시크릿 포레스트의 현지인 가족들, 내 일기의 제1독자였던 가족과, 다른 모든 독자분께 진심 어린 감사의 인사를 전한다. 비록 나의 글재주와 사진 솜씨가 몹시 부족하였을지라도, 이 기록으로 인해 부디 많은 분이 자연과 생명의 의미에 한 발짝 더 다가서는 계기가 되었기를 바란다.

열정 가득 20대 청년의 아마존 야생 탐사 기록

아마존 탐사기

An Expedition to Amazon Wildlife

초판 1쇄 인쇄   2019년 9월 30일
초판 3쇄 발행   2022년 1월 10일

지은이   전종윤

펴낸곳   지오북(GEOBOOK)
펴낸이   황영심
편집   이경희, 이한솔, 전슬기
표지 디자인   PaleBlue.
내지 디자인   권지혜, 김정현

주소   서울특별시 종로구 새문안로5가길 28, 1015호
         (적선동, 광화문 플래티넘)
         Tel_02-732-0337
         Fax_02-732-9337
         eMail_book@geobook.co.kr
         www.geobook.co.kr
         cafe.naver.com/geobookpub

출판등록번호   제300-2003-211
출판등록일   2003년 11월 27일

ISBN 978-89-94242-66-8 03490

이 도서의 국립중앙도서관 출판예정도서목록(CIP)은 서지정보유통지원시스템 홈페이지
(http://seoji.nl.go.kr)와 국가자료종합목록 구축시스템(http://kolis-net.nl.go.kr)에서 이용하실 수
있습니다. (CIP제어번호: 2019035083)